KCI-B-13-002

콘크리트 구조물의 환경영향 및 CO_2 평가

사단법인 한국콘크리트학회
Korea Concrete Institute

머리말

1980년대 중반 이후 국제상공회의소는 사후처리방식 중심으로 운영되어 오던 기존의 환경관리방식에서 탈피하여 전 직원의 참여를 통해 전사적으로 환경문제를 해결할 수 있는 체계적인 방안 모색을 ISO에 촉구하였습니다. 이에 따라 ISO는 1991년 환경경영위원회(TC207)를 설치하여 관련 표준규격(ISO 14001)을 제정하고 1996년도 이후 각국에서 ISO 14000 시리즈와 관련된 제도가 시행되고 있습니다. ISO 14000 시리즈는 여타의 국제 환경규제와는 달리 기업활동의 전반에 걸친 환경실태를 평가하여 객관적 인증을 부여하는 새로운 개념의 경영체제입니다. 국제사회는 ISO 14000 시리즈를 통하여 온실가스 저감을 포함한 환경성, 경제성 및 사회성을 동시에 고려한 지속가능한 발전을 지향하고 있습니다.

콘크리트 산업은 천연자원 소비, 에너지 소비, 폐기물 발생 및 국내 온실가스의 10% 배출 등 여러 분야에서 막대한 환경영향을 미치고 있습니다. 하지만 콘크리트는 강재와 더불어 건축물 및 사회 인프라구조물 건설에 필수적인 구조재료로서 2010년도 우리나라의 레디믹스트 콘크리트 생산량은 약 1억 4천만 m^3에 달하고 있습니다. 따라서 콘크리트 산업 전 분야에서 부정적인 환경영향을 최소화하고 가능한 한 긍정적인 영향을 최대한 이용하면서 건설산업 발전을 유도하기 위한 환경경영 기반 콘크리트 구조물에 대한 기술개발은 미래 산업의 핵심으로서 피할 수 없는 사안입니다.

미래의 핵심 주제를 다루고 있는 『콘크리트 구조물의 환경영향 및 CO_2평가』 보고서는 『콘크리트와 환경』 보고서의 내용을 잇는 환경분야의 두 번째 학회 출판물입니다. 이 보고서는 총 6장과 콘크리트 및 콘크리트 구조물에서 CO_2 평가 예를 포함하는 6개의 부록으로 구성되어 있습니다. 제 1장에서부터 제 4장까지는 지속가능한 콘크리트 및 콘크리트 구조물에 대한 국내·외 학협회 대응현황, 환경설계 그리고 현재 그린콘크리트 기술 등의 내용을 포함하고 있습니다. 제 5장과 제 6장은 콘크리트 구조물에서 전과정 평가방법 및 전과정 목록 데이터를 설명하고 있습니다. 본문에서 제시된 평가방법을 바탕으로 부록에서는 각 경우에 따른 콘크리트 및 콘크리트 구조물에서의 CO_2 평가 예를 상세히 보여주고 있습니다.

친환경콘크리트위원회는『콘크리트 구조물의 환경영향평가 및 CO_2 평가기술』 보고서 발간을 위하여 자발적 참여를 통한 소위원회를 구성하였고, 바이오하우징 연구사업단의 기획연구과제를 수행하였습니다. 본 보고서 작성을 위해 적극적으로 참여를 해주신 최동욱, 홍건호, 송진규, 태성호, 김병윤, 강현구 교수님, 김병권, 채창우, 정종석 박사님께 깊은 감사의 말씀을 드립니다. 이 보고서는 콘크리트 및 콘크리트 구조물의 CO_2 배출량 산정을 포함한 환경성을 평가하는 데 있어서 전문서적으로서의 도움이 되기를 희망합니다. 심종성 학회장님과 도서출판위원회의 많은 조언에 다시 한 번 감사드립니다.

2012년 12월
한국콘크리트학회 회장 심종성
친환경콘크리트위원회 위원장 양근혁

집필진

장	성명	소속
1장	양 근 혁	경기대학교 플랜트 · 건축공학과
2장	최 동 욱	한경대학교 건축학부
3장	박 철 우	강원대학교 토목공학과
4장	홍 건 호 김 병 권	호서대학교 건축공학과 한림 에코텍 기술연구소
5장	태 성 호 송 진 규	한양대학교 ERICA 캠퍼스 건축학부 전남대학교 건축공학과
6장	채 창 우 김 병 윤	한국건설기술연구원 관동대학교 건축공학과
부록 A	태 성 호	한양대학교 ERICA 캠퍼스 건축학부
부록 B	태 성 호	한양대학교 ERICA 캠퍼스 건축학부
부록 C	정 종 석	한국토지주택공사 토지주택연구소
부록 D	양 근 혁	경기대학교 플랜트 · 건축공학과
부록 E	강 현 구	서울대학교 건축학과
부록 F	강 현 구	서울대학교 건축학과

목 차

부록

서 론 1장

지구환경은 인류를 위한 생명유지 시스템이다. 20세기까지 인간의 활동은 지구환경을 고려할 필요가 없었으며, 이에 따라 인류의 운명을 위협하는 새로운 심각한 환경문제들이 출현하였다. 따라서 21세기에는 지구환경의 복잡한 시스템을 유지하고 이해할 수 있는 방법을 모색하는 것이 가장 중요한 논점이 되었다. 국제에너지기구(international energy agency)의 『세계 에너지 전망 2012』 보고서[1-1]에 따르면, 세계 에너지 소비량은 2030년까지 매해 2%씩 늘어나며, 이에 따라 2003년부터 2030년까지의 증가율은 71%에 달할 것으로 전망하고 있다.

또한 보고서는 경제협력개발기구(OECD) 회원국들의 경우, 에너지 소비 증가율이 연간 1% 정도에 그칠 것으로 보이나 중국, 인도 등 비 OECD 회원국의 에너지 소비량은 매년 3.7%씩 늘어날 것으로 전망했다. 특히 2010년도에 중국은 전년도 대비 11.2% 상승된 에너지 소비로 인해 전 세계 에너지 수요의 20.3%를 차지하여, 미국(19%)을 제치고 세계 1위의 에너지 소비국이 되었다. 우리나라의 에너지 소비량은 2010년도 세계 8위 수준으로서 전 세계 에너지 수요의 2.1%를 차지하였으며, 에너지 총수입액은 3백20억 달러에 달한다. 한편, 수력을 포함한 신재생 에너지는 2025년까지 2001년 대비 약 58% 늘어나 연평균 1.9%의 증가율 전망이 예상되는데, 이는 개발도상국, 특히 아시아 지역에 건설되는 새로운 대규모 수력발전소 때문이다. 따라서 재생 가능한 에너지 자원은 정부 차원의 정책적 지원이 없다면 석탄보다도 경쟁력이 더 떨어지게 될 것이다.

20세기는 인프라구조의 건설과 경제활동의 관계가 최고한도까지 추구된 시대이다. 콘크리트 기반의 건설산업은 자원의존 산업이다. 현재 전체 지구인구의 20%가 자원의 80%를 사용하고 있으며, 전체 에너지의 약 40%가 건축물에서 소비되고 있다. 따라서 에너지 소비와 온실가스 배출량의 약 40%가 건설·환경 산업에 기인한다. 더

구나, 건설과 해체활동은 엄청난 양의 폐기물을 배출한다. 건설활동은 자연환경에 부담을 부여하고 공사소음 및 완공 후 유해물질들의 방출과 확산으로 심각한 문제를 유발할 수도 있다. 이와 같이 건설 산업은 환경적 도전에 직면해 있기 때문에 자연순환과 에너지 효율성을 고려한 건설 산업 시스템을 구축하는 것은 매우 중요하다. 순환사회의 구축은 비교적 단수명을 갖는 가정용 전기기구 및 자동차들과는 다른 아이디어와 설계를 필요로 하는 장수명 "지속가능한" 인프라 구조물에 대한 해결책이어야 한다.

콘크리트 산업분야도 환경문제에 대해 예외는 아니다. 천연자원으로부터 생산되는 콘크리트는 가장 저렴한 건설재료 중의 하나로 향후에도 이를 대체할 수 있는 재료는 특별히 없다. 이에 시멘트 생산을 위한 석회석과 골재자원들이 향후에도 지속적으로 사용될 것으로 전망된다. 세계 시멘트 생산능력은 중동 및 중국에서의 생산능력 증가에 기인하여 과거 25년 중 최근 6년간 가장 큰 증가세를 나타내고 있다(그림 1.1). 또한 세계 시멘트 산업의 연평균 성장률은 4~5% 수준을 유지할 것으로 전망되고 있다.[1-2] 우리나라의 시멘트 수요는 1960년대 이후 경제발전과 더불어 비약적으로 증가하고 있으며, 2003년도 이후 연간 평균 생산량은 55.97백만 톤에 달하였다(그림 1.2). 콘크리트 구조물과 사용된 콘크리트의 양을 고려하면, 콘크리트 산업의 환경영향에 대한 문제는 지속가능한 개발에 대한 전 세계 문제의 상당부분을 차지한다고 사료된다.

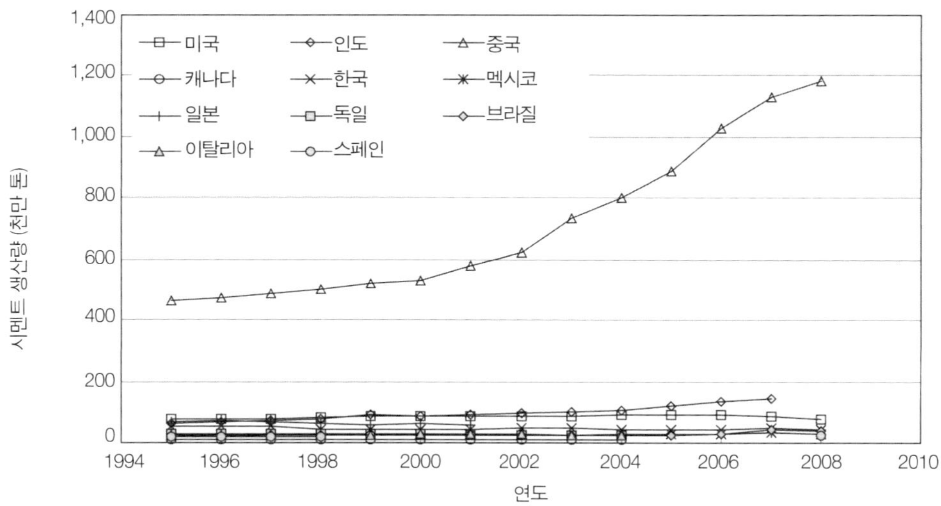

그림 1.1 세계 시멘트 생산량 추이

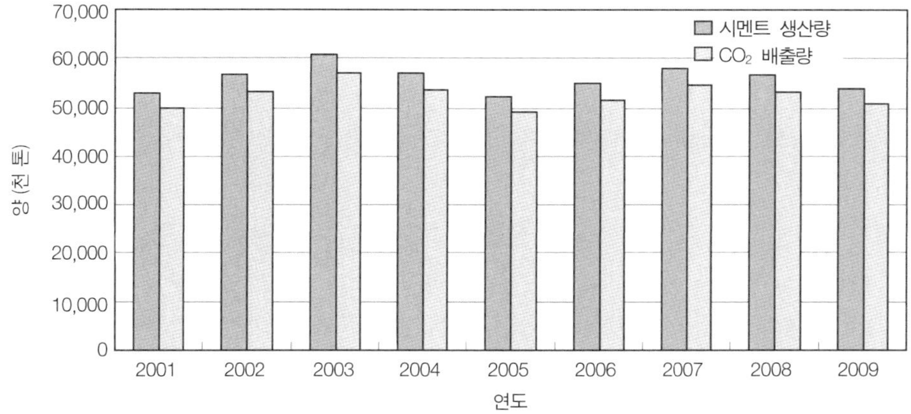

그림 1.2 우리나라 연간 시멘트 생산량 및 시멘트 CO_2 배출량

콘크리트에 내재된 유해영향의 구체적인 양은 다른 건축재료에 비해 비교적 적다. 하지만 콘크리트의 많은 생산량으로 인한 콘크리트 구조물의 부정적 환경영향은 중요하다. 시멘트 1 톤 생산을 위해 석회석과 규산의 용융과정에서 발생하는 CO_2 양은 약 0.81 톤이며 시멘트 운반에서 폐기까지의 전과정 평가(lifecycle assessment, LCA)에 의한 시멘트의 탄소배출계수는 약 0.939 ton-CO_2/ton이다.[1-3] 이에 따라 국내 연간 시멘트 생산으로부터 배출되는 CO_2양은 약 52.55백만 톤으로서 (그림 1.2) 이는 우리나라 전체 CO_2 배출량의 약 7 %에 해당한다. 더욱이 시멘트 1 톤 생산을 위해 소성과정에서 소비되는 에너지는 약 0.13 toe로서 우리나라 전체 에너지 소비량의 약 4 %에 해당한다. 따라서 콘크리트 설계원리의 개선 및 콘크리트 구조물의 평가, 시공, 해체기술의 방법론, 그리고 운영 및 사용의 관리는 지속가능한 방법에 의한 개발 프로세스라는 일반적인 목표달성에 매우 중요하게 기여한다.

콘크리트 구조물 및 콘크리트 생산이 생애주기 동안 환경에 얼마나 영향을 미치는지에 대한 전체적인 관점 또한 중요하다. 하지만 콘크리트 구조물의 시공자가 생애주기에서 모든 단계를 항상 제어하지는 않는다. 건축물의 에너지 소비는 사용 중에 가장 큰 영향을 받는데, 이는 건축물 설계자의 영역이다. 따라서 30년 전에 시공된 건축물은 현재의 에너지 성능기준을 만족시킬 수 없으며, 구조변경 작업을 필요로 할 수도 있다. 또한 지속가능한 건축물 및 인프라구조물의 설계단계에서 사용단계의 에너지 효율, 고내구성과 낮은 유지관리비를 고려하여야 한다.

콘크리트 구조물의 환경영향을 고려한 지속가능한 설계에 대한 요구와 설계기준의 마련에 대한 필요성이 급격히 증가하고 있지만, 우리나라에서는 아직 이에 대한 대응이 미약하며 참고할 수 있는 자료도 매우 부족하다. 이 보고서의 목적은 환경적 측면에서 지속가능한 콘크리트 구조물의 설계를 위한 환경영향평가 및 최적화에 대한 가이드라인을 제시하는 데 있다. 이를 위해 콘크리트 구조물의 지속가능한 설계에 대한 국내·외 학·협회 대응현황, 환경설계 개념 및 고려사항, 콘크리트 구조물의 설계, 시공, 운영 및 해체에 걸친 전과정에서 지속가능한 기술, 평가방법론 등을 다루었다. 특히 콘크리트의 구조물의 전과정 평가에 의한 CO_2 평가를 위하여 각 국의 전과정 목록(life-cycle inventory, LCI) 데이터를 소개하였으며 이를 활용한 콘크리트의 CO_2 평가 절차에 대한 예를 제시하였다.

1.1 지속가능한 콘크리트 구조물의 정의

북유럽 콘크리트 네트워크 과정에서 정의된 지속가능한 발전은 천연자원의 계획관리 또는 무분별한 채취, 오염, 파괴 및 방치를 방지하고 자원의 미래 사용을 보장하기 위한 특별 생태계의 전체 환경을 의미한다. 재생가능 자원의 사용은 그들의 재생속도를 넘어서면 안 되며, 배출물은 환경이 소화할 수 있는 용량을 초과해서는 안 된다. 토지이용은 최소화되어야 하고 세심하게 계획되어야 한다. 따라서 지속가능한 개발은 Brundtland 위원회[1-4]에서 제시된 바와 같이 "미래세대의 요구충족을 보장할 수 있으면서 현재의 요구사항을 충족시키는 개발"로서 정의될 수 있다.

지속가능한 발전을 위해서는 제도적 인프라 구축 및 관련기술들의 개발이 필요하다. 제도적 인프라는 자연순환, 에너지 효율성, CO_2 배출량 및 환경문제와 관련된 법적 규제와 국제협약을 포함한다. 지구온난화 방지를 위한 국제회의에서 1997년에 채택된 교토의정서는 온실가스를 2012년까지 1990년도 대비 6~8% 저감시키기로 하였다. 이에 따라 일부 국가들은 법적인 조치를 구현하고 있다. 일본 정부는 1998년의 "지구온난화에 대처하기 위한 조치의 촉진에 관한 법률"뿐만 아니라 재활용과 환경평가에 관한 법률들을 제정하였다. 유럽연합은 IPPC(integrated pollution prevention control)와 같은 몇몇 국제 프로젝트를 지원하고 있다. 하지만 교토의정서만으로 이행이 충분한 것이 아니며 CO_2 배출량도 여전히 증가하고 있다.

한편, 환경적으로 지속가능한 콘크리트 구조물은 사용성을 포함하는 생애주기 동안 전체 환경영향을 최소로 줄일 수 있도록 설계 및 시공된 것으로 정의할 수 있다. 전통적인 설계와 평가방식은 품질, 비용 및 시간의 세 가지 기본 경쟁요인에 의한다. 하지만 지속가능한 구조물의 설계, 시공, 사용 및 다른 생애단계에서는 지속가능한 시공에 대한 의제 21에서 언급된 바와 같이 환경문제, 경제제약 및 문화·사회적 측면 등이 고려되어야만 한다(그림 1.3).

즉, 지속가능한 구조물은 지정된 사용수명, 부하, 환경영향 및 유지보수 전략 등을 고려한 사용 맞춤형 방식으로 설계되고 건설된 것을 의미한다. 또한 콘크리트 구성요소들은 환경 친화적인 방법으로 채취되고 생산되어야만 한다. 기본적으로 친환경 콘크리트 구조는 위에서 언급한 문제들이 설계 및 시공단계와 운영 및 유지관리에서 고려된 구조로서, 이는 고강도, 고내구성 및 고열용량과 같은 콘크리트의 환경적 장점을 이용함으로써 달성할 수 있다. 따라서 콘크리트 구조는 최종 사용자의 요구에 부합하도록 설계되고 생산되어야만 한다. 이와 같이, 콘크리트 산업을 포함한 건설 산업은 그림 1.3에 나타낸 바와 같이 전통방식에서 "지속가능한 건설"이라는 새로운 방식으로의 전환점에 직면해 있으며, 환경영향을 고려한 새로운 기술 및 평가기법들의 개발이 요구되고 있다.

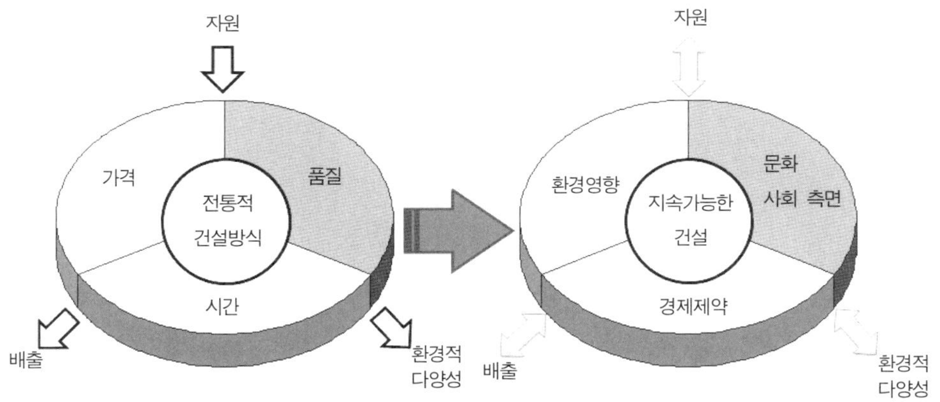

그림 1.3 전통적 건설방식에서 지속가능한 건설방식으로의 전환

1.2 생애주기에서의 단계

시공과 관련된 일반적인 생애주기단계를 그림 1.4[1-5]에 나타내었다. 콘크리트 구조물의 수명은 일반적으로 50~100년이기 때문에 수많은 사람들이 다음에 나타낸 다양한 생애주기단계 동안 그 구조물을 다루는 것은 당연하다.

(1) 사전시공단계

건축주와 그의 컨설턴트(엔지니어와 건축가)의 협력으로 설계가 수행된다. 설계는 시방서, 기준 및 법률에 부합해야 한다. 시간 스케일은 개월이다.

(2) 1~3단계-시공

시공단계는 주로 자재 공급자와 도급업자에 의해 좌우된다. 설계시방서는 최소 요구사항으로서 가끔씩 도급업자는 대안설계가 더 적합한 경우 원 설계를 바꾸기도 한다. 이 단계 동안 시간일정은 빡빡하고 제한적인데, 이는 종종 구조물의 환경이력에 영향을 미친다. 시간 스케일은 개월이다.

(3) 4단계-구조물의 사용과 운영

건축물 소유주와 최종 사용자는 구조물의 수명동안 운영과 유지관리에 책임이 있다. 만일 초기 설계가 성공적이라면, 건축물은 주요 수리 및 변경에 대한 요구 없이 수십 년 동안 제 기능을 할 것이다. 시간 스케일은 수십 년이다.

(4) 4단계-유지관리

대부분의 구조물은 용도, 법률 및 성능 요구의 변화로 약 30년 후에는 유지보수와 수선을 필요로 한다. 이들의 변화는 사전제작단계에서 예측이 불가능하다. 하지만 설계단계는 합리적으로 낮은 유지관리비 및 내구성 확보를 위해 중요한데, 이는 자재와 설계상세의 적절한 선택 그리고 적합한 설계실행을 포함한다. 시간 스케일은 수십 년이다.

(5) 5단계-해체, 재사용 및 재활용

수명 종료 후 구조물은 대부분 해체되고 어느 정도는 재활용된다. 현 시공단계에서는 허용되지만 향후에는 금지되는 유해 내장재의 경우 재활용은 엄격히 제한될 수 있다. 하지만 이 또한 사전제작단계에서는 예측할 수 없는 조건이다.

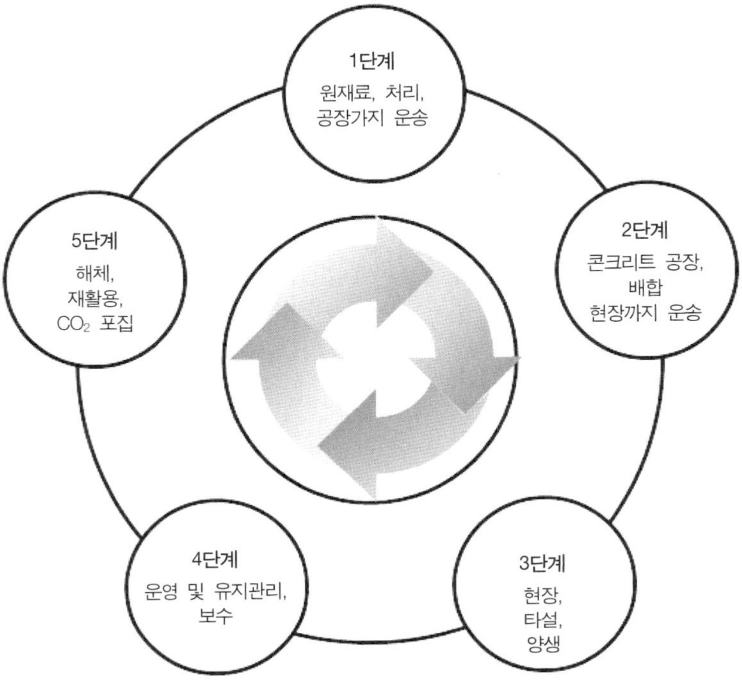

그림 1.4 보통콘크리트의 생애주기에 따른 각 단계

1.3 참고문헌

1-1 IEA, World energy outlook, http://www.worldenergyoutlook.org.

1-2 한국양회공업협회, 최근 세계 시멘트 산업동향 및 전망, 2006.

1-3 한국환경산업기술원, klcidb, www.edp.or.kr

1-4 Blavind, M., Sakai, K., berg, M., and M ller, C., Guideline for green concrete structures, Fib TG 3.8, 2010.

1-5 Sakai, K. et al., Environmental design, Fib TG 3.3, 2004.

2장

국내외 학·협회의 대응현황

2.1 일반사항

한국콘크리트학회는 2010년 시멘트 및 콘크리트 산업의 지속가능성 문제와 그 대응 기술에 대한 『콘크리트와 환경』을 출간한 바 있으나, 지속가능한 발전에 관한 세계적, 지역적, 국지적 정보와 사회적, 환경적, 경제적 여건은 빠르게 변화하고 있다. 이에 따라서 콘크리트 분야의 환경설계에 대한 최신 기술과 표준 및 지침 등의 변화에 대한 보고서가 필요한 것으로 사료된다. 이 장에서는 국내외 시멘트 및 콘크리트 관련 기관(학회 및 협회 등)의 동향, 표준 및 지침 등의 최신 제정현황을 기술하였다.

2.2 국외학회 및 협회의 대응현황

2.2.1 유럽시멘트협회(CEMBUREAU)

유럽연합(EU)은 2020년까지 1990년 대비 20 %의 온실가스 배출 감축을 목표로 하고 있으며, 최근에는 이 목표치를 30 % 감축으로 상향 조정하려는 움직임을 보이고 있다. 2050년까지의 목표 총 감축량은 80 %이다.

(1) CEMBUREAU 활동 보고서

시멘트 산업은 전 세계적으로 온실가스 총배출량의 약 6 %에 해당하는 CO_2를 배출하고 있다. 그림 2.1 및 표 2.1은 유럽시멘트협회(CEMBUREAU)의 2010년 보고서

표 2.1 세계 시멘트 생산량 추이(2000–2010년)[2–1]

국가	시멘트 생산량(단위 : 백만 톤)						
	2000	2005	2006	2007	2008	2009	2010
중국	597.0	1068.8	1236.8	1361.2	1388.4	1650.0	1868.0
인도	102.5	142.7	159.0	170.5	183.3	186.9	210.0
유럽연합(EU)	229.9	248.0	264.8	271.0	251.7	201.5	190.4
미국	87.8	99.3	98.2	95.5	86.3	63.9	65.5
터키	36.0	42.8	47.4	49.3	51.4	54.0	62.7
브라질	39.8	38.7	41.4	45.9	51.6	51.4p	58.9
일본	83.3	68.7	69.9	67.8	63.0	54.9	51.7
러시아연합	32.4	48.7	54.7	59.9	53.5	44.3	50.4
한국	51.3	47.2	49.2	52.2	51.7	50.1	47.2
사우디아라비아	18.2	26.1	27.0	30.3	37.4	37.8	41.0
멕시코	32.3	36.0	38.8	39.5	38.3	37.1	38.9
인도네시아	27.8	33.9	33.0	35.0	38.5	36.9	37.8
이태리	38.9	46.4	47.8	47.4	43.0	36.3	–
독일	35.4	31.2	32.9	32.3	32.5	30.0	–
프랑스	19.2	20.9	22.0	22.1	21.2	18.3	–
캐나다	12.8	13.5	14.3	15.1	13.7	11.0	12.4
남아프리카공화국	8.2	12.1	13.1	13.7	13.4	12.0	12.0
아르헨티나	6.1	7.6	8.9	9.6	9.7	9.4	10.4
호주	7.5	9.1	9.2	9.6	9.7	8.7	9.3
영국	12.5	11.6	12.1	12.6	10.5	7.8	–

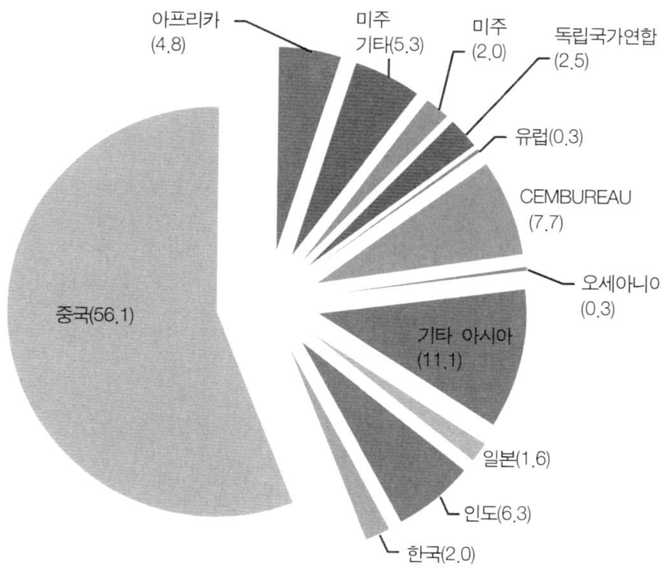

그림 2.1 2010년 세계의 시멘트 생산량(총생산량 : 33억 톤)[2–1] (단위 : %)

[2-1]로부터 발췌한 세계 시멘트 생산현황이다. 2010년 세계의 시멘트 생산량은 33억 톤으로서, 2009년에 비하여 9.2% 증가하였다. 이 중에서 중국은 약 56%를 차지하고 있으며 전년에 비해 13.2% 증가하였다. 중국을 제외하는 경우 세계적으로 시멘트 생산은 전년도에 비하여 5.9% 증가하였다(그림 2.1 및 표 2.1). 또한 표 2.1에 나타낸 바와 같이 아시아 및 아프리카 지역은 사회간접자원 건설 등에 대한 필요성에 의해 지속적으로 생산량이 증가하고 있는 반면에 미국과 유럽은 현재 생산량이 2000년과 거의 동일하다.

(2) CEMBUREAU 시멘트 제품의 환경성 표시 및 선언

CEMBUREAU[2-2,3,4,5,6]는 2008년 ISO 14040, 14044 전과정 평가(LCA, life-cycle assessment)와 ISO 14025 제 3유형 환경성 선언에 의하여 EN 197-1 시멘트 표준에 정의된 CEM I 포틀랜드 시멘트의 EPD(environmental product declaration)를 제시하였다. 이 EPD는 B2B(business to business)를 목적으로 개발되었고, CEM I 포틀랜드 시멘트 1,000 kg을 선언단위(declared unit)로 하고, 원자재 생산으로부터 제품 출고까지(cradle to gate)의 환경영향을 표 2.2-2.6에 나타낸 것과 같이 표시하였다. CEM I 포틀랜드 시멘트 1톤의 생산에는 다음과 같은 환경영향이 평가된다: 1) 1,465 kg의 천연자원(석회암 등)과 44 kg의 대체자원을 포함 총 1,509 kg의 자원과 1,693 kg의 물이 사용된다(표 2.2와 표 2.3): 2) 약 4.8 GJ의 에너지가 소비되고, 899 kg의 CO_2가 배출되며, 산성화, 오존층 고갈, 광화학산화물, 부영향화에 대한 영향도 나타난다(표 2.4와 표 2.5): 3) 무해폐기물 665 kg과 유해폐기물 1.2 kg이 또한 발생한다(표 2.6). CEMBUREAU는 CEM I 포틀랜드 시멘트를 제외한 다른 시멘트제품에 대한 EDP는 아직 제시하지 않고 있다.

표 2.2 시멘트 생산에 필요한 자원의 사용[2-2]

내 용	이전 공정	시멘트 공장	합계
	kg/1,000kg	kg/1,000kg	kg/1,000kg
천연자원	-	-	-
재생 가능	0	0	0
재생 불가능	18	1,447	1,465
대체자원	-	-	-
재생 가능	0	0	0
재생 불가능	0	44	44
합 계	18	1,491	1,509

주1) 이 EPD에서 사용된 제품 범주 규칙(PCR, product category rule)은 www.environdec.com에서 찾을 수 있다.
주2) 시멘트 산업의 LCA 도구는 ISO 이외에 www.wbcsdcement.org를 참고할 수 있다.

표 2.3 시멘트 생산에 필요한 물의 사용[2-2]

내 용	이전 공정	시멘트 공장	합계
	kg/1,000kg	kg/1,000kg	kg/1,000kg
물	1,467	226	1,693

표 2.4 시멘트 생산에 필요한 자원의 사용과 연관된 에너지 소비[2-2]

내 용	이전 공정	시멘트 공장	합계
	kg/1,000kg	kg/1,000kg	kg/1,000kg
천연자원	–	–	–
재생 가능	132	0	132
재생 불가능	1,370	2,501	3,871
대체자원	–	–	–
재생 가능	0	157	157
재생 불가능	0	638	638
합 계	1,502	3,296	4,798

표 2.5 시멘트 생산과 관련된 환경영향 범주(environmental impact category)[2-2]

내용	1,000kg	이전 공정	시멘트 공장	합계
지구온난화	kg CO_2eq/1,000kg	118	781	899
산성화	kg CO_2eq/1,000kg	1.1	1.3	2.4
오존층 고갈	kg CFC-11eq/1,000kg	0.000043	0	0.000043
광화학 산화물 형성	kg C_2H_4eq/1,000kg	0.13	0.12	0.25
부영향화	kg PO_4eq/1,000kg	0.05	0.20	0.25

표 2.6 시멘트 생산과 관련된 폐기물 발생[2-2]

내 용	이전 공정	시멘트 공장	합계
	kg/1,000kg	kg/1,000kg	kg/1,000kg
비유해성 폐기물	665	non relevant	665
유해성 폐기물	1.2	non relevant	1.2

2.2.2 유럽표준위원회(CEN)

(1) 유럽 시멘트 표준(EN 197-1)

CEN의 제 51기술위원회(TC 51, cement and building limes)에서는 1970년대 유럽 각국의 시멘트 규격을 조사하였으며, 그 결과 20종의 서로 다른 시멘트가 조사되었다. 이후 1990년대 2차 조사결과 50종의 시멘트 규격이 조사되었다. CEN/TC51은 2차에 걸친 조사를 토대로 하여 2000년에 유럽의 시멘트 표준인 BS EN 197-1 : 2000[2-7]을 제정하였다. 이 시멘트 표준은 다음과 같이 다섯 개의 그룹으로 나누어 총 27종의 시멘트를 규정하고 있다.

1) CEM I　Portland cement
2) CEM II　Portland composite cement
3) CEM III　Blast furnace cement
4) CEM IV　Pozzolanic cement
5) CEM V　Composite cement

CEM I은 클링커 함량이 95~100 %인 포틀랜드 시멘트이다. CEM II는 고로슬래그, 실리카 퓸, 포졸란, 플라이애쉬, 석회석 미분말 등이 6~35 % 범위에서 포함된 포틀랜드 시멘트이다. CEM III, IV는 각각 고로슬래그 혼합 시멘트, 포졸란 시멘트이고 CEM V는 합성 시멘트로서 대체재료 함량은 18~50 %이다. 각 시멘트 규격에는 일반 시멘트(N)와 조강 시멘트(R) 2종이 있으며, 또한 강도 등급별로 32.5, 42.5, 52.5 MPa 등 3종이 있으므로 가능한 시멘트 규격의 조합은 162종이 될 수도 있다(단, 일반적으로 유럽 각국에서는 10종 이하의 시멘트가 생산되며 기타 규격은 주문에 의한 생산이 가능하다).

(2) 성능중심형 콘크리트 시방서(EN 206-1)

한편 2000년에 제정된 성능중심형인 EN 206-1 : 2000(concrete-part 1 : specification and performance)[2-8]은 보통, 경량 및 중량 콘크리트의 시방, 생산 및 성능검증에 대한 성능중심형 시방서이다. EN 206-1 : 2000은 C100/115(표준 압축실린더 강도 100 MPa/150 mm 입방체 강도 115 MPa)까지 고강도 콘크리트를 포함하고 있다. 성능중심형 시방서에서는 강도, 노출등급, 골재치수 및 염소 이온량에 대한 최소한의 요구사항만을 기본적으로 시방하고, 기타의 요구사항에 대하여는 많은 부분을 콘크리트 제조사에서 결정할 수 있으며 추후 검증을 거치게 된다. 종래의 사양중심 시방서(prescriptive specification)와 같이 시멘트의 종류 및 중량, 물-결합재비, 골재 입도 및 혼화제량 등을 일일이 시방할 필요가 없으므로 콘크리트 생산자의 재료 및 배합방법에 대한 선택의 폭이 상당히 증가할 수 있다. 다만, EN 206-1 : 2000은 내구성에 관련한 유럽의 기술현황을 조사한 결과 성능중심형 내구성 설계 및 시험방법에 대한 충분한 기술의 발전이 아직 더 필요하므로, 이 부분에 대해서는 각 국가에서 통용되는 시험방법을 따르도록 잠정적으로 규정하고 있다.

(3) CEN Guide 4 및 환경확인목록

2004년 유럽위원회[2-9]는 모든 유럽 표준에 환경 측면을 포함하도록 아래와 같이 구체적으로 추천하였다.

1) 표준에는 환경에 대한 일반적인 설명 및 단순한 추천 수준 이상이 포함될 것.
2) 표준에 환경 측면이 포함되도록 모든 위원회에 적용이 가능한 체계를 개발.
3) 이에 대하여 도구 및 해법을 제시할 것.

4) 위원회에 환경관련 이해 당사자의 참여가 가능하도록 할 것.

그 결과로 CEN Guide 4 및 표 2.7에 나타낸 환경확인목록이 개발되었다. CEN Guide 4는 각 제품 표준에 있어서 환경 주제를 다루는 지침서로 개발되었고, 2008년에는 이와 동일한 내용으로 ISO Guide 64로 제정되었다(www.cen.eu/sh/ehd 참고).

2.2.3 국제콘크리트연맹(fib)

(1) fib 기술위원회

유럽에 기반을 둔 fib[2-10]는 10개의 기술위원회(C, commission)와 9개의 특별활동그룹(SAG, special activities group)을 위주로 기술개발 및 연구활동을 수행하고 있다. 이 중에서 환경과 관련된 부분은 C3(environmental aspects in design and construction)과 SAG8(fib sustainability initiative)이다. 특히 C3은 1990년대 중반부터 콘크리트와 환경문제를 연구하여 왔으며, 다음에 나타낸 것과 같이 중요한 기술보고서를 다수 발간하였다.

(2) fib 기술보고서

1) Environmental issues in prefabrication (bulletin 21)

fib C3의 bulletin 21[2-10]은 프리캐스트 콘크리트 구조물의 공사에서 콘크리트 공사의 공해, 에너지 및 재료 소비, 인체에 미치는 유해영향 등의 환경적 주제와 더불어 프리캐스트 시공 시의 환경적 이점을 생산-운반 및 조립의 전과정(life-cycle) 측면에서 다루고 있다. 즉, 공장에서 SCC(self compacting concrete)와 같은 재료를 사용함으로써 소음과 진동을 줄일 수 있고, HPC(high performance concrete) 사용이 더욱 용이하므로 신뢰도 및 내구성이 더 높은 구조물 공사가 가능하다는 점 등을 예시하고 있다. 프리캐스트 공사에서는 할로우 코어 슬래브 등 각 구조요소에 대하여 환경성 표시 및 선언이 가능한 이점도 있다. 또한 프리캐스트 콘크리트 공사에서 거푸집을 사용하지 않으므로 건설폐기물이 적게 발생하는 것도 환경적 이점 중 하나이다.

표 2.7 환경확인목록[2-9]

환경문제	생애주기단계															
	취득			시공			사용					최종				
	원재료	가공	운송	가설공사	본공사	운송	사용	유지관리	보수·보강	기타	운송	해체	재활용	소각	폐기	운송
투입																
재료																
물																
에너지																
토지																
배출																
대기 배출																
방류																
토양 배출																
폐기물																
소음, 진동, 방사, 발열																
기타 관련항목																
사고나 기타 사용의 환경 위험																
고객정보																
추가 기술사항																

2) Environmental effects of concrete (bulletin 23)

fib bulletin 23[2-11]은 시멘트 및 콘크리트의 접촉에 의한 피부반응, 진동 및 소음, 흙 및 물과 접촉했을 때의 용출, 콘크리트 및 모르타르로부터 휘발성 유기물질(VOC) 등 배출, 방사능, 분진, 전자기장에 대한 영향 등의 환경적 주제를 다룬 보고서이다.

3) Environmental design (bulletin 28) 및 Environmental design of concrete structures-general principles (bulletin 47)

fib bulletin 28[2-12], 47[2-13]은 모두 콘크리트 및 콘크리트 구조물의 환경설계법을 다루고 있으나, 먼저 발간된 bulletin 28에 비하여 이후에 발간된 bulletin 47은 ISO 13315-1 환경설계법의 일반사항[2-14]과 그 내용이 일치한다. 한편, ISO 13315-1의 내용은 콘크리트와 콘크리트 구조물의 전과정에 걸친 환경경영과 관련한 전반적인 체계와 기본규칙을 정한 것이며, 일반사항, 전과정의 단계, 환경영향 범주, 해석, 설계, 생산 및 시공, 사용, 최종단계, 표시 및 선언으로 구성되어 있다.

(3) fib Model Code 2010

fib Model Code[2-15]는 1978년 처음 제정된 이후 1990년 개정판을 거쳐 2011년에 개정되었다. Model Code 2010에는 기속가능성 부분이 일부 포함되어 있다. 즉, Model Code 2010에서 한계상태로는 사용성 한계상태(serviceability limit state), 극한 한계상태(ultimate limit state), 내구성 한계상태(durability limit state)가 정의되어 있고, 지속가능성(substainability)에 대한 설계는 향후의 중요 설계개념으로 정의하고 있다. 성능범주(performance category)는 사용성, 구조적 안전성 및 지속가능성에 대해 정의되는데, 지속가능성의 성능범주에 대해서는 환경영향, 사회에 대한 영향, 미적 요구조건 등이 포함되어 있다. 또한 구조물의 설계, 시공, 유지관리 및 해체의 전과정(life-cycle)의 개념이 포함되어 있다.

2.2.4 미국재료시험협회(ASTM)

(1) 사양형 시멘트 표준 개정(ASTM C150)

미국 기존 사양형 시멘트 표준인 ASTM C150[2-16]은 2009년부터 시멘트 제조에 있어서 석회석 미분말(limestone powder) 5 %, 광물성 혼화재료 5 %, 유기질 첨가 재료 1% 등 총 11%의 첨가제 및 석고를 허용하고 있다. 또한 캐나다의 CSA A3001 시멘트 표준은 석회석 미분말을 15%까지 포함하는 새로운 시멘트 규격(portland limestone cement, PLC)을 포함하고 있다. 이에 따라 캐나다 CSA A23.1 시멘트 시방 역시 PLC를 포함하고 있으며, 2010년에는 캐나다 National Building Code도 PLC를 채택할 예정이다.[2-17] 이러한 혼합재료의 허용은 생산공정에서 CO_2를 많이 배출하는 시멘트 클링커를 적게 사용하도록 하는 효과를 갖는다.

(2) 성능중심형 시멘트 표준(ASTM C1157-10)

미국은 2010년 성능중심형(performance base) 시멘트 표준인 ASTM C1157을 제정하였다.[2-18] 성능중심형 시멘트 표준인 ASTM C1157에서는 시멘트의 화학적 조성을 시방하는 대신에 적용분야에 따라서 시멘트의 요구성능만을 시방하였다. 시멘트의 종류는 Type GU(general construction), HE(high early strength), MS(moderate sulfate resistance), HS(high sulfate resistance), MH(moderate heat of hydration), LH(low heat of hydration) 등 6종이 나타나 있으며, 화학적 조성 대신에 오토클레이브 팽창(최대값), 경화속도, 재령에 따른 강도 발현속도(최소값), 모르타르 바 길이변화(최대값)만이 시방되었다. 저발열 시멘트인 경우 수화열, 내황산염 시멘트인 경우 황산염에 의한 팽창도에 대해서 추가적으로 최대값을 규정하고 있다. 알칼리-골재 작용의 우려가 있는 특수한 경우에는 팽창도를 시험해야 한다. 이 밖에 분말도(비표면적), 모르타르의 공기량 등은 시멘트 제작자가 시험 성적서로 보고하고, 구매자의 요청이 있는 경우 건조수축도 시험 성적서에 포함시키도록 하고 있다.

2.2.5 미국콘크리트학회(ACI)

ACI[2-19]의 지속가능성 관련 대응현황은 TC130, ITG8 등의 기술위원회 활동, 학회-협회-기업체 연대 기관인 JSI(joint substantiality initiative) 등으로 대표된다. ACI 제130기술위원회(TC130)는 2010년에 『The Sustainable Concrete Guide-Strategies and Examples』를 출판하였고, 현재 『Guide to Concrete Substantiality』를 준비하는 등 비교적 활발히 활동하고 있는 편이다. ACI Innovation Task Group 8(ITG8)[2-20]은 2010년에 『콘크리트의 성능기반 요구사항』 보고서를 출판하였다.

2.2.6 아시아콘크리트연맹(ACF)

우리나라는 2010년, 대만 타이베이에서 개최된 제 4회 ACF International Conference에서 아시아 환경선언(ACF Taipei Declaration on Sustainability)을 주도하였는데, 이때 KCI를 비롯한 7개 아시아권 주요 콘크리트 단체가 선언에 참가하였다. 이 선언의 결과로 ACF Sustainability Forum 활동이 현재 진행 중인데, 이 포럼은 아시아의 시멘트 및 콘크리트 산업에서 국가별 주요한 지속가능성 데이터를 구축하고 관련 연구에 있어 문제점을 확인하는 것을 1차적인 목표로 활동하고 있다. 이 포럼의 참가국은 한국을 비롯하여 몽골, 베트남, 인도, 인도네시아, 일본, 중국, 태국 등이다(www.asianconcretefederation.org 참고).

2.2.7 국제표준화기구(ISO)

지속가능성에 대한 ISO의 활동은 환경경영 관련 제 207기술위원회(TC207), 건설 관련 제 59기술위원회(TC59) 및 콘크리트 관련 제 71기술위원회(TC71)로 대별할 수 있다. TC 207(environmental management)은 환경경영 전반에 대한 14000 시리즈, 환경성 표지 및 선언에 대한 14020 시리즈, 전과정 평가(LCA)에 대한 14040 시리즈, 온실가스에 대한 14060 시리즈 등 일련의 중요한 국제표준을 이미 제정하였다.[2-3,4,5] 이 표준들은 세계적으로 각 산업분야에서 지속가능성과 관련한 표준을 제정하는 작업에서 기준이 된다. 2007년 TC 59(building construction)는 건설제품의 환경성 선언에 대한 일반원칙에 해당하는 ISO21930, 21931-1 등을 제정하였다.[2-21,22] 일반원칙 제정에 이어 각 건설제품(시멘트, 골재 등)의 환경선언에 대한 표준작업이 진행 중이다. TC 71(concrete, reinforced concrete and prestressed concrete)은 ISO 13315 시리즈로서 콘크리트 및 콘크리트 구조물의 환경경영에 대한 일련의 표준을 제정하고 있다. 현재 ISO 13315-1 일반원칙의 제정이 완료되었다. 여러 가지 ISO 제정현황에 대해서는 우리학회 출판물인 『콘크리트와 환경』[2-23]에서 자세히 소개되고 있다.

2.3 우리나라 학회 및 협회의 대응현황

2.3.1 한국시멘트협회

우리나라는 이미 온실가스 배출을 2020년까지 배출 전망치(BAU) 대비 30% 저감하기로 하였는데, 이는 2005년 배출량을 기준으로 4% 감축에 해당한다. 이러한 양의 감축은 선진국이 목표로 하는 2050년까지 1990년 대비 50~80% 감축이라는 목표와 비교할 때 매우 적은 수치인 것이 사실이나, 우리나라는 다른 선진국과 달리 아직까지도 산업화가 빠르게 진행되고 있는 점을 감안한다면 −4%의 목표 달성이 용이한 것만은 아니다.

2011년 7월 정부가 확정한 온실가스 목표관리제에서는 2020년까지 BAU 대비 건물 부분에서 26.9%, 건설 및 시멘트 부분에서 각각 7.1%와 8.5%의 감축이 할당되었다.[2-24] 따라서 목표관리제 대상인 총 471개 사업장은 2011년 말까지 온실가스 배출 감축에 대한 계획서를 제출하고 2012년부터는 이행을 시작해야 한다. 한편, 2011년 12월 남아프리카공화국 더반에서 개최된 제 17차 유엔기후협약당사국 총회(COP17)에서는 2012년 만료 예정이었던 교토의정서를 5~8년 간 더 연장하기로 결정하였다. 또한 교토의정서 이후에는 모든 나라가 참여하는 의정서 또는 법적장치를 출범시키고, 이에 대한 협상을 2015년까지 타결하기로 하였다. COP 17에서는 또한 선진국이 개발도상국의 기후변화 대응을 돕기 위해 연간 수백억 달러를 모으는 기구 설립에 대하여 합의하였다.

이러한 추이를 보면 우리나라에서 시멘트 산업 부분에 할당된 −8.5%는 국가의 평균 목표인 −30%보다 상당히 적은 수치이며, 또한 우리나라의 감축 목표 자체가 선진국 수준과는 큰 격차가 있다. 이에 따라 향후 지구기후 변화 측면에서 이보다 훨씬 강화된 감축이 시멘트 및 콘크리트 산업에서 요구될 날이 멀지 않을 것으로 예측할 수 있다. 따라서 우리나라 시멘트 산업은 고로슬래그 등 시멘트 대체 재료의 활용을 증가시키기 위해 현재 90%인 클링커 계수를 세계 평균 수준인 85% 이하로 낮추고, 혼합시멘트 및 석회석 미분말 시멘트 등의 사용을 활성화시키기 위한 연구 및 관련 표준 제정에 노력할 필요가 있다. 우리나라 정부의 "온실가스·에너지 목표 관리운영 등에 관한 지침"은 온실가스 배출량 및 에너지 소비량의 산정·보고, 그리고 온실가스 배출량 및 에너지 소비량의 검증에 대한 구체적인 정량적 보고 요구사항을 포함하고 있다.

2.3.2 한국콘크리트학회

(1) 시멘트 및 레미콘 산업의 온실가스 저감을 위한 표준화

한국콘크리트학회(KCI)는 한국건설기술연구원(KICT), 한국표준협회(KSA) 등과 함께 시멘트 및 콘크리트 산업 분야의 환경관련 지침 및 표준을 개발하기 위한 노력의 일환으로, 전술한 ISO 13315-1, 21930, 21931-1 등에 대해 다음과 같이 KS로 제정 중이다.[2-14,21,22]

KS F ISO 21930 건축시공의 지속가능성 - 건축제품의 환경성 선언
KS F ISO 21931 건설공사의 환경성과 평가방법 기본구조 - 제1부 : 건축물
KS F 13315-1 콘크리트 및 콘크리트 구조물의 환경경영 - Part 1 : 일반원칙

(2) 『콘크리트와 환경』 발간

KCI 친환경콘크리트위원회는 2010년 『콘크리트와 환경』의 발간을 통하여 시멘트 및 콘크리트 산업의 환경적 영향 및 대처 방안에 대한 국내외 기술적 내용을 최신(state-of-the-art) 보고서 형식으로 정리하였다. 『콘크리트와 환경』은 총 13장 및 부록으로 구성되어 있으며, 시멘트의 환경영향, 국내외 콘크리트 산업의 현황과 환경영향, 콘크리트의 환경영향을 평가하기 위한 LCI(life cycle inventory) 데이터베이스, 환경영향의 평가체계, 평가도구 및 평가방법, ISO를 비롯한 환경관련 기준 및 표준 등의 내용을 포함하고 있다.

2.4 맺음말

우리나라의 상황은 매우 독특하여 기술적으로는 개발도상국으로서 아직도 개발이 한창 진행 중이면서도 동시에 경제적으로는 이미 선진국 대열에 합류하고 있다고 할 수 있다. 그러므로 환경영향에 관심을 가지고 이를 감소시키는 노력을 하면서도 동시에 개발을 지속해야 하는 어려움이 있다. 이를 극복하기 위해서는 국제적인 동향을 먼저 파악하고, 적극적으로 동참하면서 필요한 환경기술을 개발하고 적용할 필요가 있다. 전술하였다시피, 이르면 2018년부터는 포스트교토 체제가 출범할 것으로 예상되며, 이 새로운 체제 하에서 우리나라는 선진국과 동등한 수준의

온실가스 감축을 요구받을 가능성도 배제할 수 없으므로 이에 대비해야 한다. 우리나라는 전과정 평가(LCA), 전과정 환경목록 데이터(LCI DB) 등의 분야에서는 오히려 선도하고 있는 경향도 일부 보이고 있으며, 이를 발전시켜 환경성 표시 및 선언 등의 분야에서는 더욱 적극적인 연구개발을 통해 선도할 잠재력도 갖고 있다고 평가된다.

2.5 참고문헌

2-1 CEMBUREAU, Activity Report 2010, The European cement association, 2011.

2-2 CEMBUREAU, Environmental product declaration for cement – User's guide, 2010.

2-3 ISO 14040, Environmental management–life cycle assessment–Principles and framework, International Organization for Standardization, 2nd Ed., Geneva, Switzerland, 2006.

2-4 ISO 14044, Environmental management–life cycle assessment–Requirements and guidelines, International Organization for Standardization, Geneva, Switzerland, 2006.

2-5 ISO/DIS 14025, Environmental labels and declarations–Type Ⅲ environmental declarations–Principles and procedures, International Organization for Standardization, Geneva, Switzerland, 2005.

2-6 Johannes Kreißig, Verification report on the CEMBUREAU environmental product declaration for portland cement (CEM I), based on report TR-ECRA 0183-5/2007 by PE INTERNATIONAL GmbH, 2009.

2-7 BS EN 197-1 : 2000, Cement – Part 1 : Composition, specifications and conformity criteria for common cements, London, U.K., 2000.

2-8 BS EN 206-1 : 2000, Concrete – Part 1 : Specification, performance, production and conformity, London, U.K., 2000.

2-9 CEN Guide 4, Guide for addressing environmental issues in product standards, 3rd edition, 2008.

2-10 fib bulletin 21, Environmental issues in prefabrication, fib Commission 3, Task Group 3.1, 2003.

2-11 fib bulletin 23, Environmental effects of concrete, fib Commission 3, Task Group 3.4, 2003.

2-12 fib bulletin 28, Environmental design, fib Commission 3, Task Group 3.3, 2004.

2-13 fib bulletin 47, Environmental design-general principles, fib Commission 3, Task Group 3.6, 2008.

2-14 ISO 13315-1, Environmental management of concrete and concrete structures -general principles, draft international standard, Geneva, Switzerland, 2012.

2-15 fib bulletin 55~56, Model Code 2010, SAG 5, 2011.

2-16 ASTM C150/C150M-09, Standard Specification for Portland Cement, ASTM International, West Conshohocken, PA, 2009.

2-17 Yamada, K. and Uomoto, T., "Comparison of domestic concrete materials all over the world and messages for the future", Proceedings of CONMAT 2009, Japan.

2-18 ASTM C1157/C1157M-10, Standard performance specification for hydraulic cement, ASTM International, West Conshohocken, PA, 2010.

2-19 ACI, The sustainable concrete guide-strategies and examples, U. S. Green Building Council, Detroit, Michigan, 2010.

2-20 ACI ITG-8R-10, Report on performance-based requirements for concrete, ACI, Detroit, Michigan, 2010.

2-21 ISO 21930, Sustainability in building construction-environmental declaration of building products, Geneva, Switzerland, 2007.

2-22 ISO/DIS 21931-1 Sustainability in building construction-Framework for methods of assessment for environmental performance of construction works -Part 1 : Buildings, Geneva, Switzerland, 2008.

2-23 한국콘크리트학회, 콘크리트와 환경, 기문당, 2010.

2-24 환경부, 온실가스 · 에너지 목표관리 운영 등에 관한 지침, 2010.

환경설계 3장

3.1 일반사항

3.1.1 환경문제

환경문제의 근원적인 특성은 대량생산, 대량소비 그리고 대량폐기가 발생하기 시작한 산업혁명 이후, 산업화의 폭발적인 확장에 따른 사회의 변화된 경제시스템에 기인한다고 할 수 있다. 변화된 경제 시스템은 토지의 사용, 천연자원과 에너지 고갈, 수질오염, 유해물질 배출 및 대기오염, 온실가스, 폐기물 배출 등을 야기하여 자연생태계를 파괴하기 시작하였다. 이러한 과정을 거치면서 최근에야 인류는 자연생태계의 파괴가 우리가 허용할 수 있는 수준을 초과한다는 것을 인식하기 시작했다.[3-1,2,3,4]

3.1.2 지속가능한 발전

인류가 천연자원 및 에너지의 고갈과 기후변화라는 가장 심각한 두 가지 문제에 접하기까지는 산업혁명 이후 약 200여 년밖에 걸리지 않았다. 이러한 문제점들은 인간의 편리하고 편안한 삶을 추구하는 기본적인 욕구로 인한 결과라고 할 수 있다.[3-1,2,3,4] 이러한 상황의 위기의식은 최근 수십 년 간 환경문제와 관련된 다양한 활동을 시작하게 된 동기를 제공하였다. 그 첫 번째 활동의 결과는 1971년 『imits to Growth』라는 제목의 Club of Rome에 제출한 보고서이다. 하지만 이 보고서에서 문제점을 제가하는 중요한 화두를 제시하였음에도 불구하고, 이 보고서가 발표될 당시에는 세간의 주목을 크게 끌지 못하였다. 그 후 1972년 스웨덴의 스톡홀름에서 개최된 인류환경을 주제로 한 UN대회에서 '인류환경선언(declaration of human environment)'을 채택하였다. 이때 '인류환경선언'에서는 인류가 환경에 대한 권리 및 의무에 대한 기초를 다음과 같이 제시하였다. "인간은 자유, 평등 그리고 양질의 삶에 대한 기초적인 권리를 가지고 있다. 특히 그러한 권리는 삶의 존엄성과 복지를 추구하는 안전하고 적절한 수준 이상의 환경에서 이루어져야 하며, 또한 동시에 인간은 현재 그리고 미래의 세대를 위하여 환경을 보호하고 개선시켜 나가야 하는 중대한 책임감을 함께 가지고 있다." 이러한 '인류환경선언'은 인류의 기본적인 권리와 함께 환경을 보전하고 개선해 나가야 하는 인류의 책임을 처음으로 명확히 규정하는 것이었다. 또한 '인류환경선언'은 환경에 대해 국제적으로 추가적인 논의가 지속될 수 있도록 많은 영향을 미치게 되었으며, 이를 위하여 '인류환경선언'을 실천하는 기관으로서 UN 환경프로그램(UN environment program, UNEP)이 설립되었다.

1987년 UN 세계환경과 발전위원회(UN world commission on environment and development)는 Brundtland 보고서를 발간하게 되는데, 그 내용은 "미래세대가 미래의 요구사항을 충족시킬 수 있는 능력을 훼손하지 않으면서 현 시대의 요구사항을 만족시키는 발전이다."('Sustainable development is development that meets the needs of the present without compromising the ability of future generation to meet their own needs.')라는 내용을 포함하고 있다. 이 보고서에서는 환경보호, 경제적 성장, 그리고 사회적 평등이라는 세 가지의 기본구성을 정의하였다. 이 보고서의 출판 후, '지속가능한 발전(sustainable development)'이라는 명제는 인류의 최종적인 목표로 확고히 자리 잡게 되었으며, 이는 인간의 사회경제적 활동에 있어 그 패러다임이 지속가능한 발전으로 이동되고 있는 중요성을 다시 한 번 부각하게 되었다.

스톡홀름 국제대회가 있은 지 20년 후인 1992년, 브라질의 리우 데 자네이루에서 개최된 UN 환경과 발전 국제대회에서 Rio 선언문(Rio declaration)이 채택되었다. 이 대회에서 환경의 보전과 경제성장의 균형을 유지하기 위한 지속가능한 발전의 중요성이 다시 한 번 강조되었으며, 참가국들은 1994년에 효력이 시작되는 UN 기후변화 기본 틀 협약(UN framework convention on climate change)에 서명하였다. 이후 일본 교토에서 1997년에 개최된 UN 기후변화 기본 틀 협약을 위한 제 3회 국제대회에서 온실가스 감축을 위한 교토의정서(the Kyoto protocol)가 채택되었다. 이 의정서는 2005년 2월 그 효력을 발휘하게 되었으며 미국은 탈퇴한 바 있다. 교토의정서에서는 온실가스 배출을 개발 국가들이 2008 ~ 2012년까지 1990년도의 배출량을 기준으로 저감하는 목표를 설정하였다. 또한 청정발전 방법론, 배출거래금 및 개발도상국 및 저개발 지역에서 온실가스 배출을 저감시킬 수 있는 방법론 등을 포함하는 이른바 '교토 방법론(Kyoto mechanism)'을 소개하였다.

3.1.3 지속가능한 건설

최근 들어 일반적인 산업생산물을 제조하는 기업들도 환경에 대한 인식을 강화하기 시작하였다. 이는 기업들 스스로가 천연자원의 한계를 고려하지 못한 기업 업무의 한계를 수긍함으로써 시작되었다. 하지만 토목 및 건축구조물은 이러한 일반적인 산업생산물과 다음의 관점에 있어 매우 다른 특성을 지닌다.

(1) 대량생산이 불가능하다.

(2) 공용수명이 매우 길다.

(3) 일반대중의 이용도가 매우 높다.

이러한 특성들 때문에 구조물의 생애주기 시나리오에 환경설계의 개념이 적용되지 못하였다 지구상의 가장 큰 산업이라 생각할 수 있는 건설 산업은 기본적인 특성상 지구환경에 엄청난 영향을 미치는데, 이는 건설 산업이 토지와 원재료를 대규모로 사용하며 건물의 운영에 있어서는 막대한 에너지를 사용하기 때문이다. 이러한 건설 산업의 품질과 수량은 미래 세대의 환경에 많은 영향을 미치게 된다. 따라서 미래 세대에서 예상되는 요구사상을 반드시 고려해야 하는 지속가능한 발전에 대하여 건설 산업은 매우 중요한 역할을 담당하고 있다. 즉, 지속가능한 건설도 지속가능한 발전의 일환으로 반드시 중요하게 고려되어야 한다.

건설구조물에 대한 전통적인 설계 및 해석방식은 품질, 비용 그리고 공사기간이라는 세 가지 요인에 기초하고 있다. 하지만 '일반의제 21(general agenda 21)'과 '지속가능한 건설 의제 21(agenda 21 on sustainable construction)'에서는 구조물의 설계, 시공, 사용 그리고 생애주기 관점에서 다음의 세 가지의 지속가능성의 가장 기본적인 주제를 반드시 고려하도록 하고 있다.

(1) 환경문제

(2) 경제적 제한

(3) 사회문화적 측면

한편, 지속가능한 건설을 위해서는 다음 요소들이 고려되어야만 한다.

(1) 친환경적 건설자재

(2) 효율적인 에너지 및 자원의 사용

(3) 시공 및 폐기 시 발생하는 폐기물의 관리

건설자재는 구조물의 생애주기 각 단계에서 환경에 영향을 미치고 있는데, 이러한 단계는 원재료의 채취, 가공, 생산, 공급, 폐기 등의 단계를 의미한다. 이러한 건설자재로 인한 환경영향을 감소하기 위해서 가장 중요한 것이 원재료의 사용을 최소화하는 것일 것이다. 또한 과도한 안전 측 설계(over-design)도 지양해야 한다. 토목 및 건축구조물의 환경설계는 자재의 선택, 구조물의 형상, 시공작업, 유지보수, 그리고 해체 · 재활용의 단계를 포함하며, 자원과 에너지의 사용은 시공과 폐기 시 발생하는 폐기물의 양 등을 충분히 조절할 수 있도록 설계되어야 한다.

콘크리트는 크게 시멘트, 물, 그리고 골재로 이루어져 있다. 시멘트의 생산은 엄청난 양의 에너지를 소비하며 CO_2의 배출도 상당한 수준이다. 또한 골재의 채취는 토지를 사용하고, 생태계를 파괴하고, 삶의 쾌적성을 저하시키는 등의 자연파괴를 초래한다. 건축물의 시공 및 폐기단계에서 발생하는 폐기물의 발생은 건설 산업의 또 다른 중요한 문제점이다. 하지만 한편으로는 콘크리트는 고로 슬래그, 플라이애쉬, 실리카 퓸 등의 산업부산물을 혼화재료로 활용하는 환경 친화적인 측면도 있다.

따라서 콘크리트의 사용은 지속가능한 건설에 매우 중요한 역할을 담당하고 있으며, 지속가능한 건설을 위해서는 이러한 지속가능한 콘크리트의 사용을 중요하게 고려해야 할 것이다.

3.1.4 지속가능한 콘크리트 구조물 환경설계

콘크리트 구조물은 생애주기 동안 사용성, 안전성, 내구성 및 환경성을 만족시킬 수 있도록 설계되어야 한다. 구조물의 환경성이란 자원, 에너지, 배출에 대한 목표지수(target indices)들, 자재 사용의 감소, 재사용, 재활용에 대한 방법지수(means indices)를 환경성능으로 간주하고, 이를 활용하여 검증할 수 있다. 환경성능의 요구조건은 환경성능을 검증하기 위한 필수요건으로서, 입법규정, 발주자의 고려사항, 국제적 규약 등을 기초로 의사결정권자에 의하여 결정된다. 환경성능의 요구조건은 다음의 항목을 참조할 수 있다.

(1) 자재의 선택
(2) 시공방법
(3) 유지보수 절차
(4) 재활용 절차
(5) 에너지 사용량
(6) CO_2 배출한계
(7) 수질오염
(8) 토양오염
(9) 먼지, 소음 · 진동
(10) 화학물질 등

본 장에서는 환경성능의 평가에 대한 기본 절차의 일반적인 원칙을 제공하는 데 중점을 두었다. 사용성, 안전성, 내구성에 관한 사항은 이 장에 포함되지 않았으며, 이와 관련하여 기존의 관련기준을 우선적으로 따르는 것을 원칙으로 한다. 구조물의 설계는 상기 언급된 환경성을 포괄적이면서도 균형 잡힌 방법으로 만족시킬 필요가 있다.

구조물의 지속가능성을 이성적으로 판단하기 위해서 생애주기비용도 중요한 항목으로 고려할 수 있다. 하지만 지속가능성의 경제성 측면은 환경성능 요구조건으로 고려하지 않았다. 이는 지속가능성의 경제적 측면은 가장 중요하고도 기본적인 요구조건으로서 콘크리트 구조물을 설계할 경우 설계 초기단계에서 고려되어야 하며, 다른 여러 가지 요인으로 인하여 변경될 수 있기 때문이다.

3.2 발주자가 요구할 수 있는 환경 고려사항

본 장에서 거론되는 발주자는 시공하고자 하는 구조물의 소유자 또는 개발자를 의미하며, 다음과 같은 주요 내용들을 다룰 필요가 있다.

(1) 어떠한 것이 중요한 환경 고려사항인지?
(2) 왜 이러한 사항들이 중요한 것인지?
(3) 구조물의 시공에 있어 이러한 사항들이 어떻게 고려되는지?

이러한 내용에 대하여 설명하기 전에 우선 발주자는 대상 구조물의 전반에 대하여 충분히 이해하고 있을 것을 전제조건으로 한다. 또한 구조물의 시공에 있어 시공의 일부는 반드시 환경적인 측면을 포함하고 있어야 한다. 발주자는 친환경적인 목표를 실행하기 위한 가장 중요한 주체임과 동시에 의사결정 권한을 가지고 있다. 따라서 구조물을 시공함에 있어 환경적인 측면에 대한 중요도를 충분히 결정할 수 있으며, 친환경성을 성공적으로 유도하기 위한 능력은 발주자의 관심도와 직결된다고 할 수 있다. 콘크리트 구조물의 구조설계 또는 내구성설계는 이미 대부분 국가의 구조물 설계기준에 포함되어 있다. 하지만 환경설계를 고려하는 것은 발주자의 의견에 지배적인 영향을 받으며, 이의 목적이나 목적달성을 위한 접근방법은 매우 다양하다. 구조물을 시공함에 있어 친환경적인 시공방법의 해결책이 있다면 이는 분명 투자를 향상시킬 것이며, 공용기간 동안의 장기적인 관점에서 경제적인 이득을 보장할 것이다. 동시에 발주자는 대상 구조물의 공용기간 동안 환경적 그리고 경제적 이득을 평가해야 할 책임이 있다.

3.2.1 환경문제의 대응방법

시설물의 발주자는 설계 및 시공의 과정에 있어 모든 관련 대상자들에 대해 환경문제들의 종류와 발생원인 및 해결방법에 대하여 간략한 수준의 설명을 반드시 제공해야 한다. 이는 환경문제를 효율적으로 해결하기 위하여 반드시 필요한 조치이다.

(1) 무엇이 가장 중요한 환경 고려사항인지?

1) 환경성 목적

모든 구조물 공사에 있어 환경성의 목적에 대하여 명확한 정의가 우선 필요하다. 이때 주로 고려되어야 할 사항은 다음을 포함할 수 있다.

① 현장재활용 콘크리트의 비율(기존 시설물의 해체, 재시공 및 보강 시)
② 현장재활용 기타 건설자재의 비율(기존 시설물의 해체, 재시공 및 보강 시)
③ 전체 발생폐기물의 양
④ 산업부산물의 활용
⑤ 실제 사용된 건설자재에 대한 자료
⑥ 사용 건설자재의 전과정 평가자료 및 대체가능 재료 목록
⑦ 대기, 수질 및 토양의 실제적인 오염에 대한 기록
⑧ 시공할 때 발생하는 소음, 진동 및 분진(시공계획단계에서부터 고려)

2) 수행체계

결정된 환경성 목적에 따라 구조물의 성공적인 시공을 위한 적절한 수행체계가 정립, 적용되어야 한다.

3) 환경관리-감리 및 시공자

환경관리는 구조물 시공의 일부분이며, 설계 및 시공 등의 모든 관련자들의 책임이다. 시공작업의 환경관련 주제에 대한 관심을 가지고 환경관리를 전문적으로 수행할 수 있는 적절한 자문, 감리 및 시공자를 선택하는 것은 발주자의 책임이다. 이때 자문, 감리 및 시공자는 자체적으로 환경관리 시스템을 보유하고 있으며 적용경험이 있어야 한다.

(2) 왜 환경 고려사항이 중요한지?

1) 환경성 목적

① 콘크리트 구조물의 해체, 재시공 및 보강 시, 기존 시설물의 현장 재사용은 가장 친환경적인 해결책의 하나로서 운송, 폐기 및 원자재의 사용을 줄일 수 있다.
② 콘크리트 구조물의 해체, 재시공 및 보강 시, 특정 종류 폐기물의 현장재활용도 마찬가지로 운송, 폐기 및 원자재의 사용을 줄일 수 있다.

③ 현장 순환골재의 활용은 폐기물 발생 감소 및 원자재 사용 감소를 유도한다.
④ 폐기물의 감소는 건설 원자재 및 에너지의 사용 감소, 그리고 폐기물 처리를 위한 부지의 감소 등을 통하여 환경영향을 줄일 수 있다.
⑤ 산업부산물의 사용도 폐기물 감소와 동일한 방법으로 환경영향을 줄일 수 있다.
⑥ 사용 원자재에 대한 자료는 친환경성을 고려할 때 대안방법을 선택하는 데 도움을 준다. 또한 재활용 자재의 품질을 확보하고 구조용 콘크리트로 활용할 수 있는 적용성을 증대할 수 있다.
⑦ 환경 전과정 평가(LCA)는 구조물에 사용된 원자재부터 폐기까지의 총생애주기 동안의 환경영향을 평가하는 데 있어 가장 현실적인 평가방법이다. 하지만 환경영향을 최소화한 방법은 자칫 설계와 시공의 비용이 증가할 수 있다. 이때 생애주기 비용(LCC)의 분석도 수행할 수 있는데, 이는 가장 친환경적인 시공방법은 가장 낮은 생애주기비용을 나타낼 수 있기 때문이다.
⑧ 대기, 수질 및 토질에 대한 오염물 방출에 대한 기록은 시설물의 생애주기 동안 독성물질 방출을 방지하기 위함이다.
⑨ 시공 중 발생하는 소음, 진동 및 분진은 주위의 환경에 피해를 입힐 수 있으므로 중요하게 고려되어야 한다. 특히 현장에서 파쇄하여 재활용할 때에는 유의해야 한다.

2) 수행체계

환경성 목적에서 제시하는 환경 고려사항을 잘 수행하기 위해서는 적절한 수행체계의 설정이 아주 중요하며, 적절히 구성된 수행체계가 환경성 목적의 달성을 더욱 쉽게 할 것으로 기대된다.

3) 환경관리-감리 및 시공자

환경성 목적이 잘 달성되게 하고 감리나 시공자가 환경문제에 관심을 가지게 하기 위해서는 공사에 관계되는 모든 참여자가 환경관리체계에 대하여 잘 숙지하고 친숙해져야 한다.

(3) 어떻게 환경 고려사항을 공사에 접목시킬 것인지?

특정 구조물의 발주자는 의사결정권을 가지고 있으므로 공사에서 환경 고려사항을 얼마나 중요하게 고려할 것인지에 대하여 그 수준을 조절할 수 있다. 환경 고려사항의 정의 및 적용여부는 발주자에 의해 결정되어야 하며, 이러한 고려사항들은 공사의 계획 초기단계에서부터 환경성 목적 프로그램을 통해 미리 반영되어야만 한다.

1) 환경성 목적

환경성 목적을 쉽게 달성하기 위해서는 환경성 목적 프로그램이 명확하고 정확하게 기술되어야만 한다.

① 기존 구조물의 사용을 극대화하기 위해서는 기존 구조물의 특성 및 노출환경 등의 상황을 잘 파악하여 신설구조물을 계획해야 한다. 즉, 기존 구조물의 물리적·화학적 특성에 관하여 사전에 충분히 인지하고 발생할 수 있는 유해물질을 미리 잘 파악해야 한다. 따라서 기존 구조물의 일부를 재활용 또는 순환할 경우에 대비하여 유해물질의 관리를 잘 계획해야 한다.

② 현장재활용은 시공의 장소가 노출될수록 신중한 계획의 수립이 필요하다. 재활용이 가능한 재료의 양 등에 관한 사실을 잘 기록해야 한다.

③ 재활용 재료의 사용량을 극대화하기 위해서는 재료의 품질에 관한 내용을 충분히 파악하고 있어야 한다. 품질수준과 양이 명확히 정의되지 않은 재활용 재료의 활용은 적용성이 감소하게 된다.

④ 각 단계별 건설재료의 사용량을 잘 계획함으로써 폐건설재료의 양을 감소할 수 있다. 즉, 철근의 절단 또는 굽힘작업 등을 현장보다는 미리 공장에서 작업한다면 폐철근의 양을 감소시킬 수 있다.

⑤ 산업부산물의 물리적·화학적 특성 등에 관한 사전조사는 산업부산물의 활용을 위해 미리 충분히 정리할 필요가 있다. 특히 장기재령의 재료 거동특성에 대한 충분한 사전조사가 필요하다.

⑥ 친환경성 건설재료는 공급자로부터 환경성 성능에 관한 자료를 반드시 확인해야 한다.

⑦ 전과정 평가는 환경개념 설계단계에서부터 미리 소개되고 수행되어야 한다.

⑧ 생애주기 동안 콘크리트로부터 방출되는 유독물질의 대기 방출, 토양 방출 또는 액화침출을 최소화하기 위하여 대기, 수질 및 토질오염에 대한 관련규정들을 잘 정비해야 한다.

⑨ 시공 중 발생하는 소음, 진동 및 분진 등은 파쇄할 때 발생하는 분진 및 소음

감소를 위한 기준을 규정하여 최소화하도록 한다. 또한 소음발생이 예상되는 작업은 이른 아침이나 늦은 저녁 등의 시간대를 피하여 수행하도록 한다.

2) 수행체계

이러한 목적을 달성하기 위한 수행체계는 설정된 환경성 목적에 대하여 이를 정량적으로 계측하기 위한 구체적인 방법, 규정의 개정 및 검토 리스트 등을 포함해야 하며 발주자의 확인을 받아야 한다.

3) 환경관리-감리 및 시공자

시공자 및 건설감리로부터 환경관리체계에 대한 사전계획서를 제출받아 검토한다.

3.3 구조물의 개념적 환경설계

3.3.1 일반사항

일반적으로 환경설계의 적용 단계는 개념적인 환경설계 프로젝트의 초기단계이다. 하지만 이때는 불확실성에 따른 위험도가 높은 단계이기도 하다. 따라서 시공 초기단계에서 환경설계의 중요성을 잘 반영하는 것이 매우 중요하다. 본 절에서는 환경 고려사항들 중 중요한 것은 무엇인지, 왜 이런 것들이 중요한지, 그리고 어떻게 이와 같은 고려사항들을 반영할 수 있는지에 대하여 설명하고자 한다.

일반적으로 건설 산업에서 이러한 개념적 설계의 경험이 매우 부족한 것이 현실이다. 따라서 이러한 개념적 설계에 관한 모든 내용이 설계 및 시공에 참여하는 모든 관계자들에게는 새로운 분야의 어려운 업무일 것이다. 구조물의 전체적인 설계에는 구조설계, 내구성설계와 환경설계를 포함해야 한다.

(1) 구조설계

구조물의 설계에 있어서는 하중 등과 같이 기본적인 가정을 포함한 구조설계 기준 등의 자료에 따라 설계를 하게 된다. 구조설계는 구조계산, 도면 그리고 그 외의 필요 서류를 포함한다. 구조설계는 재료, 시공, 그리고 관리 등에 대한 규정을 포함해야 한다. 구조설계는 우선 하중 저항능력에 초점을 맞춰야 한다.

(2) 내구성설계

내구성설계는 구조물에 작용하는 환경적인 영향에 저항하기 위한 구조물의 성능에 관하여 설계하는 것이다.

(3) 환경설계

환경설계는 대상 구조물이 구조적인 성능과 내구성의 요구사항들을 모두 만족할 경우, 생애주기 동안 시설물이 환경에 부과하는 환경영향을 최소화하도록 설계하는 것이다.

3.3.2 환경 고려사항의 적용

(1) 개념적 설계단계에서 고려해야 하는 중요환경 고려사항

① 여러 가지의 대안들에 대한 전과정 평가
② 대기 · 수질 · 토질오염에 대한 평가
③ 단열 또는 보온과 온도 쾌적성 평가
④ 내부 또는 활용공간의 극대화를 위한 구조물의 설계
⑤ 사용환경의 조건에 대한 설계개념의 조화
⑥ 하중 재하조건에 따른 다양한 품질의 콘크리트 적용
⑦ 콘크리트 구조물의 장기수명 고려
⑧ 하이브리드 구조물 고려

(2) 환경 고려사항들의 중요성

① 전과정 평가는 원자재의 수급부터 폐기까지 시설물의 생애주기 동안 환경영향을 평가하기 위한 가장 실용적인 도구이다.
② 오염 배출의 평가는 시멘트 기반의 재료로부터 침출되어 나오는 무기질 혼합물(중금속과 염분)에 대한 평가로서 중요성을 가진다.
③ 에너지 절약은 매우 중요한 환경문제로서 콘크리트의 단열특성평가는 건물의 경우 운영단계에서 에너지 절약에 기여할 수 있다.
④ 내부공간을 최적화하고 활용공간을 넓힌 구조물은 사용수명을 연장하고 다양한 목적으로 사용할 수 있다. 이러한 사실은 구조물 주위의 환경영향의 감소

를 유도한다는 것을 의미한다.

⑤ 구조부재의 재사용은 기존 구조물의 해체와 재시공보다 더욱 환경 친화적이라 할 수 있다. 부재의 재사용은 에너지 소비, 폐기물의 생산 및 수송, 이산화탄소 배출량 및 원자재의 사용을 감소시킨다.

⑥ 구조물의 환경영향은 사용되는 콘크리트의 품질에 따라 다르다. 목적성능에 따른 설계 요구사항에 따라 콘크리트의 적절한 활용은 대상 구조물의 환경영향을 감소시킬 수 있다. 그러나 구조물의 적절한 성능요건을 만족시키기 위한 검토를 충분히 수행해야 한다. 고강도 콘크리트는 시멘트 사용량이 많기 때문에 저품질의 콘크리트보다 환경영향이 더 크며, 이산화탄소 배출량도 함께 증가한다. 반면에 고성능 콘크리트는 더 나은 내구성을 가지고 있다.

⑦ 콘크리트 구조물의 수명은 매우 길기 때문에 이로 인한 환경적 성능을 향상시키게 된다. 콘크리트 구조물의 노후화에 관한 대부분의 내구성 문제는 철근 보강재의 부식과 관련이 있으며, 다른 일반적인 노후화 작용은 동결과 알칼리 골재반응에 의해 야기된다.

⑧ 하이브리드 구조물은 콘크리트 구조물에 다른 재료를 결합하여 구성된 구조물을 의미한다. 어떤 경우에는 이러한 하이브리드 구조물을 계획함으로써 환경설계의 최적화를 가능하게 할 수 있다.

(3) 환경 고려사항의 반영

① 전과정 평가를 수행하기 위하여 이용가능한 몇 가지 방법론이 있으며 지속적으로 개선되고 있는 실정이다.

② 대기·수질, 그리고 토질오염의 배출평가를 위해 건설현장 주위에 대한 검토를 수행하고 이 오염물질들의 우수 또는 지하수와의 접촉가능성을 평가해야 한다. 더 나아가 콘크리트에서 발생하는 가스 배출의 평가가 필요하다.

③ 에너지의 효율성 평가는 구조설계와 같은 단계에서 고려될 수 있는 부분이다. 단열 및 온도 쾌적성 평가는 콘크리트 특성과 관련하여 중요한 쟁점이다.

④ 내부공간을 최대화하는 설계는 제한되지 않은 큰 공간과 제거가 가능한 격벽 등을 증대하는 것을 포함해야 한다. 이러한 설계는 기둥과 보의 간격을 최대화함으로써 가능하다.

⑤ 구조부재의 재사용은 기존 구조부재의 활용가능 수량과 상태를 검토해야 하

며, 이를 위하여 기존의 구조물에 대한 전반적인 조사가 필요하다.

⑥ 구조물로부터 유발되는 환경영향을 감소하기 위하여 고강도와 고품질의 콘크리트는 필요할 경우에만 사용한다. 외부로 노출되지 않거나 작용하는 하중이 크지 않은 경우에는 낮은 등급의 콘크리트를 적용해야 한다.

⑦ FRP, 스테인리스 스틸, 또는 기타 비부식성 보강재를 사용함으로써 콘크리트 구조물의 지속성을 고려할 수 있다. 이러한 대체 보강재의 생산에도 환경영향에 대한 평가를 수행해야 한다. 또한 이러한 재료를 활용할 경우, 동결융해에 대한 저항성 및 알칼리 골재반응에 대한 저항특성을 검토해야 한다.

⑧ 하이브리드 구조물은 철근콘크리트 부재와 콘크리트의 사용량을 다양화할 수 있다. 프리스트레스 콘크리트와 내부가 비어 있는 중공단면 구조의 재료 등을 활용한 바닥판의 시공은 콘크리트 재료의 사용량을 상당히 줄일 수 있다. 이러한 경우 각 재료들의 합성거동이 중요한 사안이 되며, 전과정 평가와 비용편익 분석을 최적의 재료조합의 선택에 활용할 수 있다.

3.4 환경 요구성능

콘크리트 구조물의 생애주기 간의 전과정은 원자재 추출, 구성재료의 생산, 시공, 공용, 유지관리, 파괴, 콘크리트 구조물의 파괴 후 처리와 재사용을 포함하고 또한 부재 및 재료의 파괴, 재사용과 재활용도 포함한다. 이러한 각 단계 또는 전 단계에서 구조물이 환경에 미치는 영향을 고려해야 하며, 특정 환경성능에 대한 지표 등을 활용하여 평가할 수 있다. 환경 요구성능은 구조물의 계획과 설계단계에서 발주자에 의해 구체화되어야 한다.

콘크리트 구조물의 생애주기는 지구온난화, 자원과 에너지의 소비, 폐기물 배출, 대기오염, 수질과 토양오염, 그리고 소음과 진동의 발생과 같은 다양한 환경적인 관점과 연관되어 있다. 그러나 현재 콘크리트 구조물의 설계와 건설에 관련된 설계기준 및 시방서는 구조물 건설과 관련하여 환경에 대한 영향을 명확하게 언급하고 있지 않다. 따라서 본 절에서는 콘크리트 구조물의 생애주기 동안 고려되어야 하는 환경성능에 대한 기본개념을 설명하였다.

콘크리트 구조물의 환경 요구성능은 다음에 설명하고 있는 환경영향 요소 또는 지표에 의해 정량적으로 나타낼 수 있다.

3.4.1 지구환경에 미치는 영향

전체 생애주기 동안 발생하는 콘크리트 재료의 생산과 콘크리트 구조물의 온실가스에 대한 영향, 에너지와 자원의 소비가 환경에 미치는 영향은 지구환경(global environment)에 작용하는 환경영향(environmental impact)으로 고려될 수 있다.

교토의정서에서는 이산화탄소, 프레온가스 또는 동질의 기체, 매탄 및 일산화이질소 등을 온실가스의 영향을 유발하는 기체로 규정하고 있다. 이러한 기체 중에 이산화탄소는 인류의 다양한 경제활동의 결과로 방출되며 온실효과에 가장 큰 영향을 미친다. 콘크리트 산업 분야에서 천연자원의 소비는 다른 산업분야보다 상당히 크기 때문에 콘크리트 구조물을 건설하는 동안 천연자원의 소비를 최소화하는 노력이 반드시 필요하다. 콘크리트 구조물을 건설하는 동안 기계장비 등의 운용에서 화석연료가 소비되기 때문에 높은 에너지 효율의 기계와 장비를 사용하는 것이 바람직하다.

3.4.2 지역환경에 미치는 영향

콘크리트 구조물의 생애주기 동안 대기, 수질, 토양에 미치는 영향과 폐기물의 발생이 미치는 영향은 지역환경(regional environment)에 작용하는 환경영향으로 고려될 수 있다. 콘크리트와 관련된 모든 활동단계에서 환경에 영향을 미치며 정량적인 평가가 가능한 화학물질뿐만 아니라 현재의 기술로는 정량적인 평가가 어렵지만 문제화될 수 있는 모든 화학물질들도 환경영향의 분석에 포함되어야 한다. 또한 콘크리트 구조물은 6가 크롬, 강알칼리 및 내분비계 교란물질 등과 관련된 환경영향을 주위환경에 미칠 수 있으므로 이로 인한 영향을 반드시 고려해야 한다.

3.4.3 건설현장 환경에 미치는 영향

콘크리트 구조물의 생애주기 동안 발생하는 분진, 소음 및 진동이 시공자나 주민들의 건강에 미치는 영향은 건설현장 환경(construction site environment)에 작용하는 환경영향으로 고려될 수 있다. 숏크리트의 시공으로 인해 건설현장 및 주변에 발생하는 분진의 영향은 매우 중요하게 고려해야 한다. 콘크리트 구조물의 건설에 관련된 각 단계의 활동으로부터 소음과 진동에 기인하는 잠재적인 환경적 영향이 있다면 그들을 다루기 위한 적절한 조치가 취해져야 하며, 건설 작업현장에서 분진, 소음 및 진동은 관련법에 의해 규제되어야 한다. 소음과 진동에 기인하는 환경영향은 콘크리트 구조물을 시공 중인 건설현장 또는 인근 주변지역과 같이 매우 제한된 지역에서 국소적으로 발생한다. 소음은 청력 저하, 혼란, 불쾌, 그리고 불면을 유발한다. 진동도 마찬가지로 불쾌감과 인근의 콘크리트 구조물에 손상을 유발한다. 따라서 작업환경과 건설현장 환경의 관점에서 건설현장을 잘 관리하고 저소음, 저진동의 장비와 중장비를 사용하는 것이 반드시 필요하다.

3.4.4 국소환경에 대한 영향

국소환경(local environment)에 대한 콘크리트 구조물의 시공이 미치는 영향도 필요에 따라 고려할 수 있다. 국소환경이란 구조물 사용자의 건강에 영향을 미칠 수 있는 환경으로서 구조물의 실내 또는 실외환경을 포함한다. 구조물의 내부에서는 콘크리트로부터 휘발된 암모니아나 라돈 같은 물질의 영향이 고려될 수 있으며 외부에서는 구조물로부터 침출되어 나오는 물질을 포함할 수 있다. 국소환경은 환경에 미치는 영향의 범위에 따라 지역환경(regional environment)과 구분되어 국소환경과 관련된 공간적 범위는 매우 제한적이다.

3.5 환경영향의 평가

환경영향의 평가는 환경영향의 규모를 계산, 추정하거나 측정하는 것을 포함한다. 여기서 평가된 환경영향의 규모는 콘크리트 구조물이 환경에 미치는 영향을 환경성능의 지수로서 평가할 수 있을 때 구조물의 환경성능으로 고려할 수 있다.

3.5.1 전과정 평가방법

콘크리트 구조물의 시공, 사용, 유지관리, 해체, 폐기, 그리고 해체 후 재사용 등의 환경성능은 정량적이고 객관적으로 평가되어야 하며, 환경성능의 평가에서 평가의 목적과 범위는 명확히 정의되어야 한다. 온실가스, 대기오염 물질 및 폐기물의 배출, 그리고 천연자원과 에너지의 소비는 전과정 평가방법으로 평가할 수 있다.

(1) 환경목록 분석

온실가스, 대기오염물질, 자원 및 에너지, 그리고 폐기물의 목록 분석은 전과정 평가에서 중요한 단계로서, 이러한 목록 분석은 ISO 14040 "환경경영-전과정 평가-원칙 및 기본구조"[3-5]에 설명된 것과 아주 유사하다. 특히, 이러한 목록 분석은 미리 설정한 조사범위 내에 자원과 에너지의 투입과 결과물의 산출을 조사하고 요약하는 것을 의미하고, 전과정 평가에서 필수적인 분야이다.

(2) 특성 분석과 통합

온실가스, 대기오염물질, 자원 및 에너지, 그리고 폐기물의 특성에 대한 분석과 이들의 특성에 따른 통합은 전과정 평가에서 적절히 수행되어야 한다. 이러한 특성 분석과 통합은 ISO 14042 "환경경영-전과정 평가방법-전과정 영향평가"에 설명된 목록 분석결과를 토대로 평가된 잠재적인 환경영향에 관한 사항과 아주 유사하다. 특성 분석은 지구온난화와 대기오염과 같은 각각의 환경영향 범주에 미치는 영향의 정도를 평가하기 위한 단계이다. 특성 분석은 관련된 환경영향의 범주를 기초로 데이터 목록을 분류하고, 원단위 기준으로 환경에 미치는 영향의 정도를 고려한 특성지수(characterization factor)를 곱하고 이들을 취합함으로써 가능하다.

통합은 특성 분석을 통하여 얻어진 데이터 목록이나 각각의 환경영향 범주에 대하여 미치는 영향의 정도를 하나의 단일지수로 전환하는 단계이다. 이러한 통합은 데이터 목록이나 각각의 환경영향 범주에 대하여 미치는 영향의 정도에 가중치를 곱하여 취합함으로써 가능하다. 이러한 특성 분석과 통합을 위하여 Eco-Indicator 99(네덜란드), Ecologica l(스위스), EPS 2000(스웨덴), 그리고 LIME(일본)과 같은 통합방법들을 활용할 수 있다. 콘크리트 구조물의 건설에 있어서는 사회, 경제, 문화, 지역, 그리고 지리학적 특징을 분석할 수 있는 적절한 방법을 선택하여 특성 분석 및 통합에 사용한다.

3.5.2 측정에 의한 방법

수질, 토질오염 및 분진 배출과 관련이 있는 법과 규정들을 평가절차와 검증에 사용할 수 있다. 이러한 경우 비슷한 상황과 조건의 건설작업 등과 같은 과거의 결과에 기초한 결과 값들을 활용하여 새로운 구조물을 계획하고 설계하는 단계에서 환경영향평가방법으로 사용할 수 있다. 수질, 토양오염물질 및 분진에 대한 평가에

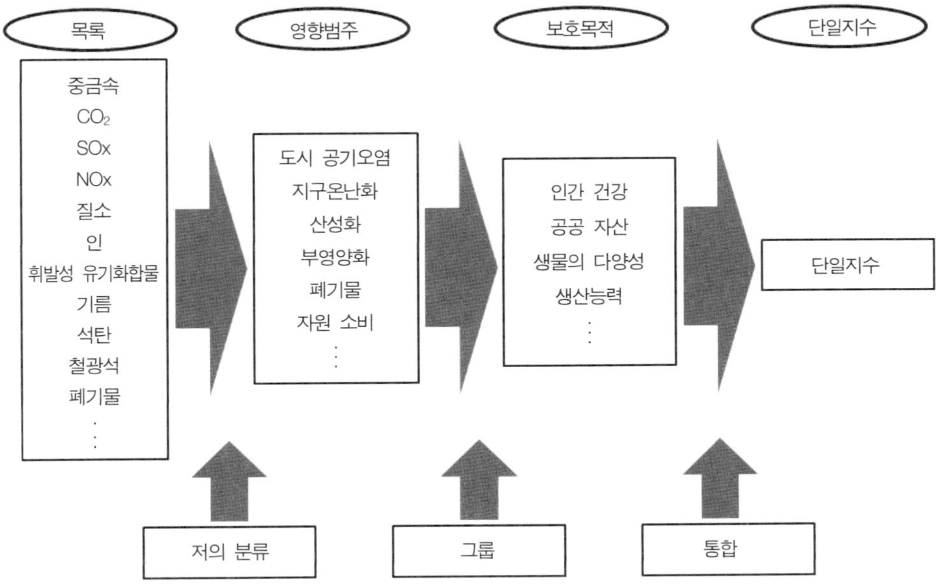

그림 3.1 환경영향평가에서 특성 분석 및 통합 예

는 적절한 실험적 평가방법 등을 활용할 수 있으며, 소음과 진동에 대한 환경성능평가에는 직접적인 측정방법 등을 활용할 수 있다. 소음과 진동에 관련된 법과 규정들을 준수하는 것은 평가절차와 검증 대신에 사용될 수 있다. 방사능, 전기장 및 자기장의 환경영향도 필요에 따라 적절히 평가될 수 있다. 콘크리트에서 나오는 방사능이 인간의 건강에 미치는 영향에 대한 평가는 매우 드물다. 비슷한 조건에 있는 과거의 경우를 활용하는 것은 객관적인 방법이 될 수 있으므로 이러한 평가방법을 사용하는 것은 현실적으로 타당하다.

3.5.3 조합된 방법

소음과 진동에 대한 환경성능평가에서는 직접적으로 측정하는 방법, 신뢰성이 있는 예측방법이나 그것들을 조합한 방법이 사용될 수 있다.

3.6 환경영향평가의 검증

콘크리트 구조물의 생애주기 동안 구조물이 환경 요구성능을 만족하는지에 대한 검증은 설계단계에서부터 수행할 수 있다. 이러한 검증은 구조물로부터 요구되는 성능과 구조물을 통하여 확보할 수 있는 성능을 정량적이고 공학적인 지표로 나타내어 이들을 비교하는 것이다. 따라서 성능검증 자체는 간단하고 객관적이어야 하며 가정과 주관적인 판단은 배제해야 한다. 대부분의 경우, 검증은 두 가지의 값을 비교하여 요구성능을 만족하는지 그렇지 않은지에 대한 판단만을 제시한다.

콘크리트 구조물의 환경성능은 검증하고자 하는 환경관점에 대하여 정량적이고 공학적인 지표를 활용하여 구조물로부터 확보된 성능(R : retained performance)을 계획단계에서 미리 결정한 구조물의 요구성능(S : set performance)과 비교하는 것이다. 점검하고자 하는 환경관점에 대한 점검은 R > S 또는 R 〈 S의 결과에 따라 결정된다. 점검하고자 하는 환경관점에 따라 그 결과는 달라질 수 있는데, 예를 들어 구조물의 생애주기 동안 발생시키는 이산화탄소에 대하여 점검하고자 할 때, 점검은 추정된 생애주기 동안 발생하는 이산화탄소의 양(R)이 미리 정해놓은 상한치(S)보다 작아야 만족하는 것이며, 산업부산물에 관하여 점검하고자 할 때에는 구조물에 사용된 양(R)이 미리 결정된 산업부산물 사용 하한치(S)보다 클 때 만족한다.

만약 구조물이 적정 수준의 성능을 보장하는 과거 기록에 기초한 규정을 만족할 경우, 성능평가단계는 생략할 수 있다.

3.7 중간점검

중간점검(inspection)은 구조물이 환경 요구성능을 만족하는 것을 확인하기 위해 구조물의 생애주기 동안 각각의 단계에서 수행할 수 있다. 만약 중간점검 결과 구조물이 환경 요구성능을 만족하지 않는다고 나타날 경우에는 이를 보완할 수 있는 적절한 방법이 취해져야 한다. 환경성능과 관련하여 목표치를 만족시키지 못하는 경우 구조물의 상태, 환경관점, 그리고 성능을 만족시키지 못하는 수준 등에 따라 다양한 방법들을 적용할 수 있다. 하지만 환경 요구성능을 만족시키기 위해 취할 수 있는 방법 중에는 환경영향을 오히려 증가시킬 수도 있으므로 각각의 방법들이 환경영향에 미치는 정도에 대한 분석도 반드시 필요하다.

3.8 맺음말

본 장에서는 건설 산업과 환경문제와의 연관성에 대하여 설명하였다. 건설 산업은 다른 산업분야와는 다른 특성을 가지고 있으며, 특히 토목 및 건축 구조물은 대량생산이 불가능하고 공용수명이 길며 일반대중의 이용도가 매우 높은 특성을 가지고 있다. 따라서 구조물을 계획하고 설계하는 단계에서부터 생애기간 동안 환경에 미치는 영향을 신중히 고려해야 한다. 이에 따라 환경과 건설 산업분야에서 중요하게 고려해야 하는 사항들, 그리고 환경을 고려한 설계의 개념 등을 비교적 상세하게 설명하였다. 또한 환경 요구성능을 소개하고 이를 평가할 수 있는 기법에 대하여 간략히 설명하였다. 평가기법은 크게 전과정 평가기법과 직접적인 환경지표의 측정을 통한 기법으로 구분되는데, 일반적으로 전과정 평가기법이 적절한 방법으로 인식되고 있다.

전과정 평가기법은 환경목록을 우선 분석하고 이를 평가하는 기법이다. 이러한 전과정 평가는 ISO 14000 시리즈[3-5,6,7]에 상세히 기술되어 있으며, 최종적으로 얻어진 결과를 평가하고 검증하여 당초 예상하였던 환경영향의 수준과 비교하여 만족할 만한 수준을 도출하는 것이 환경설계의 기본개념이다.

3.9 참고문헌

3-1 fib bulletin 47, Environmental design-general principles, fib Commission 3, Task Group 3.6, 2008.

3-2 JSCE, Recommendation of environmental performance verification for concrete structures (draft), edited by K. Sakai and K. Kawai, Tokyo, Japan 2006.

3-3 US Green Concrete Council, The sustainbable concrete guide, applications, Editor A. J. Schokker, Michigan USA, 2010

3-4 한국콘크리트학회, 콘크리트와 환경, 기문당, 2010.

3-5 ISO 14040, Environmental management-life cycle assessment-principles and framework, International Organization for Standardization, 2nd ed., Geneva, Switzerland, 2006.

3-6 ISO 14044, Environmental management-life cycle assessment-requirements and guidelines, International Organization for Standardization, Geneva, Switzerland, 2006.

3-7 ISO/DIS 14025, Environmental labels and declarations-Type Ⅲ environmental declarations-Principles and procedures, International Organization for Standardization, Geneva, Switzerland, 2005.

그린콘크리트 기술 4장

4.1 원자재의 선정

각종 콘크리트 공사에 사용되는 시멘트, 골재, 물, 혼화재료 등 각 재료에 대해 환경배려 형태에 따른 구체적인 선정방법을 제시하기 위해서는 기본적으로 다음 사항들이 고려되어야만 한다.[4-1,2]

(1) 재료의 제조·생산단계뿐만 아니라 구조물의 사용단계·해체단계·폐기단계 등에 대해서도 환경배려가 되도록 재료를 선정.
(2) 재료를 사용하는 지역의 환경보전정책을 따르고 순환자원을 우선적으로 사용
(3) 순환자원 이용 검토 시 해당 재료의 운반 에너지의 소비 고려.

콘크리트 재료에 대해 표 4.1과 같이 4가지 환경배려 형태별로 정리됨으로써 각 재료에 대응하는 환경배려 사항을 쉽게 알 수 있다. 재료의 선정 시, 대상 철근콘크리트 건축물의 종류, 입지조건 및 전과정의 각 단계에서 환경배려 형태의 우선순위를 선정할 필요가 있다. 시멘트는 환경영향을 줄일 수 있는 시스템을 갖춘 공장에서 생산된 제품이 선정되어야 한다. 이는 시멘트의 생산과정에 사용되는 연료로 폐기물을 최대한 많이 사용하고, 혼합시멘트와 같이 클링커를 대체하는 보조 결합재를 활용해야 한다는 것을 의미한다.

여러 가지 종류의 결합재로 구성된 혼합시멘트의 제조와 사용은 오랜 기간 동안 연구되고 사용되어 왔다. 현재 유럽에서 제조되고 사용되는 시멘트의 약 70% 정도는 여러 가지 결합재를 이용한 혼합시멘트이다. 포틀랜드 시멘트 클링커와 더불어 다른 결합재의 사용은 경제적인 가격으로의 입수 용이성과 재료의 품질에 따라 결

정된다. 시멘트 클링커에 한가지의 결합재가 혼합된 혼합시멘트 중 가장 하위형태인 CEM Ⅱ 시멘트는 현재 유럽에서 생산되는 시멘트의 대략 60%에 달하며 대부분 수십 년 동안 지속적으로 사용되어 왔다.

프랑스의 경우, 포틀랜드 석회석 시멘트는 30년 정도 표준화되어 사용되었지만, 고로슬래그 미분말을 함유한 고로슬래그 시멘트(CEM Ⅲ)는 100년 이상 동안 산업적으로 제조, 사용되어 혼합시멘트 중 가장 긴 역사를 가지고 있다. 유럽 표준규격의 최근 발전과정을 보면 점차 다양한 결합재를 혼입하여 플라이애쉬를 함유한 시멘트 CEM Ⅱ-Ⅴ, 포틀랜드 복합 시멘트 CEM Ⅱ/B-M 등이 규격화되었음을 알 수 있다.

표 4.1 환경배려 형태별 콘크리트 재료 선정방법

항목	환경배려 형태	선정방법
시멘트	자원절약형	• 슬래그 시멘트 또는 플라이애쉬 시멘트 사용 및 에코시멘트 사용
	에너지절약형 환경부하물질저감형	• 슬래그 시멘트 또는 플라이애쉬 시멘트 사용
	장수명형	• 포틀랜드 시멘트 사용
골재	자원절약형	• 콘크리트 품질에 유의하며 순환골재, 각종 슬래그 골재 및 산업부산물을 원료로 한 인공골재 사용
	에너지절약형 환경부하물질저감형	• 굵은골재로 자갈 또는 쇄석 사용 • 잔골재로 모래 또는 쇄사 사용
혼합수	자원절약형 환경부하물질저감형	• 회수수 이용
	장수명형	• 상수도물 이용 : 상수도물 이외의 물을 사용할 경우 시험을 통해 소정의 품질기준 확보 여부 판단 후 사용
혼화재료	자원절약형	• AE제, AE감수제, 고성능감수제, 고성능AE감수제 또는 유동화제를 이용하여 단위 시멘트양의 저감 도모
	장수명형	• AE제, AE감수제, 고성능감수제, 고성능AE감수제 또는 유동화제를 이용하여 단위 시멘트양의 저감 도모 • 콘크리트 품질 확보에 유의하며 팽창제 또는 수축저감제를 이용하여 균열발생 저감 • 해수의 영향을 받는 경우, 슬래그 미분말 또는 실리카 퓸 사용 • 철근부식 환경의 경우 방청제 사용
	자원절약형 에너지절약형 환경부하물질저감형	• 콘크리트 품질 확보에 유의하며 슬래그 미분말 또는 플라이애쉬 사용

시멘트와 콘크리트에 혼합되어 사용되는 다양한 결합재들은 시멘트 클링커를 보충하는 재료로 사용된다. 대부분의 경우, 클링커와 시멘트양을 줄여주고 몇몇의 경우 콘크리트의 특성을 향상시키는 데 활용된다. 다음에 기술한 내용은 가장 일반적으로 사용되는 시멘트 대체 결합재와 콘크리트에서의 영향에 대한 것이다.[4-3,4]

(1) 석탄 화력발전소의 부산물인 플라이애쉬는 가장 일반적으로 사용되는 시멘트 대체재료이다. 플라이애쉬는 시멘트의 주된 조성물로도 사용될 수 있다. 이것은 자연상태에서는 규산질이거나 석회질이며, 규산질 플라이애쉬는 포졸란 특성을 가지는 구상입자의 고운 분말이다. 일반적인 대체율은 시멘트 중량 대비 10 ~ 20 %이지만, 최근에는 시멘트의 50 %까지 대체하는 연구와 실용적 접근법들이 진행되고 있다. 플라이애쉬는 작업성을 향상시키고 투수성을 감소시킴으로써 내구성을 향상시킨다. 공기연행제의 사용은 플라이애쉬 내부에 잔존하는 석탄 함량으로 인해 문제를 발생시킬 수 있다. 플라이애쉬 콘크리트의 조기강도는 포틀랜드 시멘트만 사용한 콘크리트에 비해 대부분 낮지만 장기강도는 증가될 수 있으며, 또한 수화열이 낮은 특성을 갖는다. 플라이애쉬를 사용으로 인한 콘크리트 특성의 향상은 k-값으로 고려할 수 있으나, 이것은 국가마다 다르다. 최근 몇 개의 상호연소성 플라이애쉬가 생화학 연료를 함유한 상호연소성 석탄에 대한 정치적적인 압력으로 인해 시장에 나타났다. 소량의 상호 연소재는 콘크리트에 혼입되더라도 특별한 문제를 발생시키지 않는 것으로 보고되고 있다.

(2) 실리카 퓸은 실리콘 금속 또는 전기로를 사용한 용해로 내에서 페로실리콘 합금의 제조과정의 부산물이며 높은 포졸란 재료이다. 일반적인 대체율인 5 %까지 사용되며, 이것은 콘크리트의 내구성을 강화하고 플라이애쉬와 비교하면 더 높은 k-값을 가진다. 다만, 플라이애쉬에 비해 구입이 용이하지 않아 가격이 높아질 수 있다.

(3) 고로슬래그 미분말(GGBS)은 시멘트의 가장 중요한 혼합물 중 하나로서, 일반 시멘트에 슬래그 미분말을 80 %까지 혼입하여 사용할 수 있다. GGBS는 고로에서 철광석을 용융하여 얻어지는 용융슬래그를 급랭함으로 만들어지며, 유리질의 슬래그를 질량으로 적어도 2/3 이상을 함유하고 적절히 활성화되었을 때 수경성 특성이 진행된다. 포틀랜드 시멘트와 혼합된 고로슬래그의 수

화 특성은 매우 복잡하다. 그러나 슬래그를 활용하여 만든 콘크리트는 수화열이 낮고 투수성이 낮으며 극심한 환경에서의 내구성능을 향상시킬 수 있는 것으로 보고되고 있다.

(4) 수처리 공장의 하수슬러지 소각 애쉬가 콘크리트용으로 적합하다고 판명되었다. 하지만 포졸란 반응이 작고 사용된 소각기술과 하수슬러지의 원천에 의존하는 특성을 지니고 있어 사용 시에 주의를 요한다.

(5) 쌀겨 애쉬는 연소온도가 적절하면 콘크리트에서 좋은 성능을 발휘할 수 있다. 아직은 상업적으로 사용되고 있지는 않지만 활용가능한 양이 많기 때문에 미래에는 좋은 보조적인 결합재가 될 수 있을 것으로 고려되고 있다.

(6) 재생 연마 유리가루도 시멘트를 대체해서 사용될 수 있는 것으로 보고되고 있다. 이 재료의 반응성계수는 플라이애쉬보다 낮지만 콘크리트의 여러 가지 특성을 향상시킬 수 있는 것으로 나타났다. 현재는 많은 양이 사용되고 있지는 않으며 가격은 비교적 높은 편이다.

(7) 시멘트 주요 구성성분인 석회석 미분말은 높은 품질의 석회석으로부터 만들어 진다. 접미사 -LL과 -L은 부분적으로 적은 유기물질량을 가진 고순도 석회석의 원천을 의미한다. EN 197-1에 따르면 다양한 양의 석회석 분말을 함유한 시멘트들의 성능이 우수하다는 것을 보여주고 있다. 석회석 분말은 일반적으로 포틀랜드시멘트 클링커와 같이 미분쇄된다. 대략 석회석 분말 대체율 5%까지는 반응하여 칼슘칼보알루미네이트를 만들어내며, 6% 이상으로 대체된 석회석 분말은 비활성의 채움재로 간주한다. 이것은 워커빌리티와 초기강도를 증가시키는 것으로 알려져 있다. 최근에는 적절한 유동특성을 얻기 위해 미분입자들이 필연적으로 요구되는 자기충전 콘크리트 사용의 증가로 인해 석회석 미분말에 대한 관심이 높아지고 있다.

(8) 메타카올린은 카올리나이트(중국 점토)를 소성하여 만들어지는 반응성 높은 포졸란 재료 중 하나이다. 비록 소요 연소온도는 낮지만 시멘트처럼 연소과정에서 제조될 수 있기 때문에 CO_2 배출은 이의 제조와 관련되어 있으며, 총 CO_2 목록에서 고려될 필요가 있다.

(9) 화산재와 같은 천연 포졸란은 고대부터 사용되어 왔다. 자연적인 산물이기 때문에 이것은 사용에 있어서 적절한 품질관리가 중요한 요소이다. 천연 포졸란은 대부분 반응성이 낮은 것으로 알려져 있으며 추운 지역에서는 더욱 반응이 느리다.

2000년 이후에는 환경문제가 사회적으로 이슈화됨에 따라 시멘트 클링커를 전혀 사용하지 않는 무시멘트 콘크리트에 대한 개발 연구가 활발하게 진행되었다. 특히 호주 모내시(Monash)대학, 커틴(Curtin)대학, 멜버른(Melborne)대학 등을 중심으로 다양한 무시멘트 콘크리트가 개발되어 레미콘 생산단계까지 도달하였으며, 이러한 무시멘트 콘크리트는 일반 시멘트 콘크리트에 비하여 CO_2 배출을 80% 이상 저감시킬 수 있는 것으로 평가되고 있다. 국내에서도 알칼리 활성화제와 고로슬래그를 활용한 무시멘트 콘크리트에 관한 연구가 지속적으로 이루어지고 있으며, 실용화를 위한 기초적 연구가 완료된 상태이다. 현재 무시멘트 콘크리트의 기술수준은 고로슬래그 미분말을 사용한 경우 수화반응을 활성화시켜 40~70 MPa 정도까지의 고강도 콘크리트 제조가 가능한 것으로 보고되고 있고, 플라이애쉬를 사용한 경우 상온에서는 강도발현이 20 MPa을 넘지 못하는 수준으로 고온양생이 필요한 것으로 분석되는 수준이다.

이 밖에도 최근에는 CO_2 발생에 대한 적극적인 대처개념으로 사용 기간 동안 콘크리트의 탄산화 작용에 의한 CO_2 흡수현상을 활용하는 탄소흡수(Carbon negative) 시멘트 콘크리트 기술에 대한 연구가 추진 중이며, 이는 2010년 미국 MIT대학이 선정한 인류의 생활을 변화시킬 10대 신기술로 선정 · 평가되기도 하였다. 이 기술은 콘크리트의 생산에서 사용단계까지 전과정 평가 시 CO_2 배출량 제로를 목표로 하며, 압축강도 32.5 MPa 이상의 콘크리트 제조를 목표로 하는 기술도입 단계이다.[4-5]

콘크리트 주요 구성성분 중 하나인 골재의 선정은 지역성이 매우 강한 요소이다. 천연모래와 자갈 자원은 일부 지역과 국가에서는 이미 고갈된 것으로 나타나고 있으며, 이에 따라 최근에는 쇄석과 인공골재를 많이 사용하는 경향이다. 그러나 채석을 위해 사용되는 땅에 대한 지역적 갈등이 있을 수 있다. 골재생산을 위한 에너지 소비는 다른 원재료를 제조하는 데 소요되는 에너지 소비에 비해서는 비교적 적다.

4.2 최적 배합설계

본 절에서는 콘크리트의 배합에서 환경배려를 실시할 경우에 있어서 콘크리트의 물-결합재 비, 단위 수량 및 단위 결합재량의 결정방법을 나타내고 있다. 콘크리트 배합에 있어서 환경배려 사항은 표 4.2와 같이 정리할 수 있다.[4-6] 콘크리트의 강도를 높이면 중성화 속도가 저하되어 장수명형의 환경배려가 가능하다. 그림 4.1은 일반적인 호칭강도 24 MPa의 콘크리트를 기준으로 호칭강도 36 MPa까지 높일 경우, 수명(철근의 부식 확률 5 %)에 도달할 때까지의 연수와 피복두께와의 관계를 산정한 결과를 나타냈다.

피복두께를 40 mm로 하면 호칭강도 24, 30, 36 MPa의 콘크리트를 사용할 경우, 수명은 각각 35년, 92년, 278년이 되므로 콘크리트의 압축강도를 높이는 일은 장수명형의 환경배려에 유효한 수단이 된다. 또한 피복두께를 크게 하는 것과 적절한 표면마감을 행하는 것도 장수명형의 환경배려로서 유효한 수단이 된다. 그러나 강도를 높이면 단위 시멘트양이 증가하므로 CO_2 등의 발생량이 증가한다. 배합설계의 관점으로부터 콘크리트의 중성화가 30 mm에 도달할 때까지 연수와 콘크리트 1 m^3당 CO_2 배출량, 공용기간을 30년, 65년 및 100년으로 한 경우의 1 m^3 · 1년당 CO_2 배출량을 비교한 결과, 강도가 높을수록 콘크리트를 제조하기까지 CO_2 배출량은 증가하며, 1년당 CO_2 배출량은 호칭강도 36 MPa의 경우 호칭강도 24 MPa의 경우보다

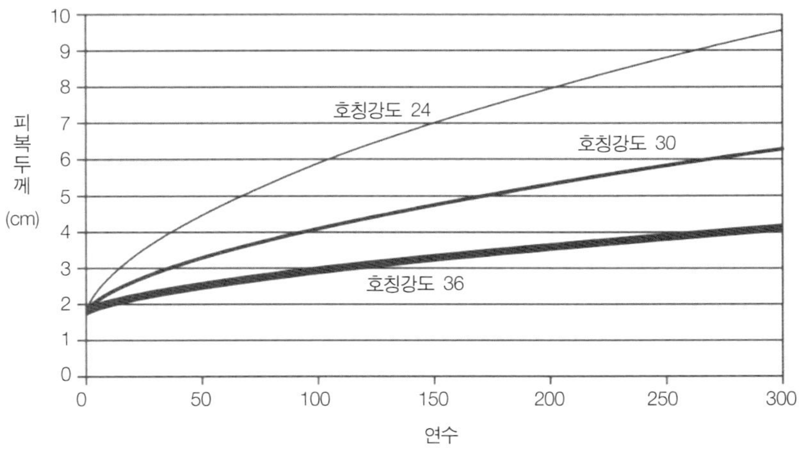

그림 4.1 수명에 미치는 피복두께와 호칭강도의 영향

표 4.2 콘크리트 배합에 관한 환경배려

항목	환경배려 형태	방 책
물-결합재비	환경부하물질저감형 장수명형	• 구조체의 품질에 악영향을 미치지 않는 범위에서 물-결합재비를 적게 함
단위 시멘트양	환경부하물질저감형	• 단위 시멘트양 저감
	자원절약형 에너지절약형 환경부하물질저감형	• 시멘트의 일부를 혼화재로 치환

약 7～9% 저감되는 것을 알 수 있다. 즉, 강도를 높이는 것은 환경부하물질저감형의 환경배려로도 연결될 수 있다. 또한 강도를 높임으로써 부재단면을 저감시킬 수 있고, 이에 따라 사용 시멘트양 및 골재량이 감소되기 때문에 자원절약형의 환경배려에도 연결된다. 또한 프리캐스트 콘크리트 공법은 증기양생을 하는 경우 소비 에너지가 증가함으로써 슬래브를 중공으로 하는 등 형상에 대한 연구에 의해 자원 소비량과 제조에 필요로 하는 에너지 소비량 및 환경부하물질량을 삭감하는 것이 가능하다.

콘크리트 제조자에게 최적의 배합설계와 클링커 소비를 최소화하는 하나의 방안은 시멘트를 몇 개의 주요 결합재와 함께 사용하는 것이다(혼합시멘트). 또 다른 방안은 순수한 포틀랜드 시멘트와 다른 미네랄 첨가물과 함께 섞어 사용하는 방법이다. 콘크리트 제조자가 배합설계에 새로운 재료를 첨가할 때, 그 재료가 콘크리트의 성능에 문제를 발생시키지 않는다는 것을 증명해야 한다.

표 4.3에는 새로운 재료가 적용되기 전에 파악할 필요가 있는 특성 실험의 지침을 나타내었다.[4-6] 클링커 함유량을 최적화하는 방법은 가능한 한 조밀하게 골재를 채워 넣음으로 인해 소요 작업성을 얻는 데 필요로 하는 페이스트(그리고 시멘트와 클링커)양을 최소화하는 방법이다. 이러한 채움을 계산할 수 있는 수단으로 몇 개의 상업적으로 유통 중인 프로그램이 있다. 이것은 이미 잘 알려져 있는 기술로써 전체 페이스트 용적은 가능한 가장 잘 채울 수 있는 골재의 종류와 양을 선정함으로써 최소화 될 수 있다는 것을 의미한다.

4.3 제조

표 4.4는 레디믹스트 콘크리트 공장의 선정으로부터 현장 운반까지의 환경배려 사항을 정리한 것이다.[4-5] 표에서 나타나듯이 콘크리트의 발주·제조·운반단계의 환경배려 사항으로 공장배수·산업폐기물의 적정한 처리 및 법령에 준하는 공해(수질오염, 대기오염, 분진, 진동, 소음)방지대책 등 환경보전의 상황을 고려해서 레디믹스트 콘크리트 공장을 선정하는 것이 중요하다. 또한 운반에 의한 환경부하물질의 배출을 억제하는 것을 목적으로 효율적인 제조·운반 수단을 선택하여 에너지절약형 및 환경부하물질저감형(CO_2 삭감)의 환경배려뿐 아니라 회수 콘크리트 등 폐기물 삭감과도 연결하여 자원절약형의 환경배려에도 부합하는 방법을 선택해야 한다.

과다 제조, 회수된 배치(레미콘)들과 품질하자 제품 등의 문제를 해소하기 위한 최선의 기술인 'BAT(best available technology)'는 해당 제품을 건설 산업에 재활용하는 것이다. 이것은 콘크리트를 최종 사용목적에 따라 작은 조각으로 분쇄하여 사용되는 것까지를 포함하며, 단열재, 플라스틱과 보강철근은 콘크리트로부터 일정 수준 이상으로 제거되어야 한다. 재활용될 콘크리트의 양이 일정 수준 이상이 되면 콘크리트 제조자들은 이동분쇄기기를 도입하여 재료를 분쇄한 후 순환골재로 판매할 수도 있다. 그러나 폐기되는 콘크리트를 분쇄하여 재활용하지 않고 폐기물로 처리하는 것도 가능하다. 어떠한 방법을 선택하는지는 운반거리, 폐기물의 양과 순환골재 시장상황 등에 달려 있다.[4-1]

콘크리트 산업은 여러 공정에서 많은 양의 물을 사용하게 된다. 콘크리트 배합에 요구되는 단위수량은 배합설계와 혼화제의 사용에 따라 달라진다. 하지만 콘크리트 배치플랜트는 믹서, 컨베이어벨트, 거푸집, 트럭과 공장의 장비를 세척하기 위해서도 비교적 많은 양의 물을 소비한다. 세척수는 침전조에 들어가서 천연골재가 회수되고 슬러리는 침전되며, 그 후에 물이 세척용으로 재사용되거나 믹서에 첨가되기도 한다. 이러한 형태의 물의 재활용을 위한 처리공정은 널리 사용되어 왔으며, 1990년 중반까지 잘 알려진 기술로 간주되어 왔다. 하수 시스템으로 폐기수를 흘려보내는 것은 지속가능한 해법은 아니며, 게다가 이는 높은 알칼리성으로 인해 화학적인 처리를 요구한다.

표 4.3 콘크리트 제조에서의 새로운 재료의 적용에 대한 지침[4–7]

<table>
<tr><th colspan="4">적합성의 예비평가</th></tr>
<tr><td rowspan="4">결합재</td><td>시멘트</td><td rowspan="4">화학과
광물학상의
조사</td><td>재료가 수경성인가 잠재수경성인가?</td></tr>
<tr><td>플라이애쉬</td><td>반응성(k–factor)</td></tr>
<tr><td>고로슬래그</td><td>콘크리트 품질과 환경에 영향을 줄 수 있는 해로운 물질의 양</td></tr>
<tr><td>기타</td><td>콘크리트 구성성분에 일반적으로 알려지지 않은 새로운 물질의 양</td></tr>
<tr><td rowspan="4">골재</td><td rowspan="2">잔골재
(< 4 mm)</td><td rowspan="4">EN 12068과
비교</td><td>입도곡선</td></tr>
<tr><td>흡수율</td></tr>
<tr><td rowspan="2">굵은골재</td><td>알칼리 반응성</td></tr>
<tr><td>염분 및 알칼리 함량</td></tr>
<tr><td colspan="2">배합수</td><td colspan="2">EN 1008 지침 사용</td></tr>
<tr><th colspan="4">제어 변수, 제조와 성능 특성을 포함한 실제 콘크리트 배합설계의 선행 실험</th></tr>
<tr><td colspan="2" rowspan="5">제조 특성</td><td colspan="2">슬럼프</td></tr>
<tr><td colspan="2">굳지 않은 콘크리트의 공기량</td></tr>
<tr><td colspan="2">재료 분리</td></tr>
<tr><td colspan="2">강도 발현</td></tr>
<tr><td colspan="2">수화열 발현</td></tr>
<tr><td colspan="2" rowspan="5">성능 특성</td><td colspan="2">물–시멘트비, 염분과 알칼리양</td></tr>
<tr><td colspan="2">굳은 콘크리트의 공기량</td></tr>
<tr><td colspan="2">동결융해시험</td></tr>
<tr><td colspan="2">목표 강도(Grade)</td></tr>
<tr><td colspan="2">재료분리 경향</td></tr>
<tr><th colspan="4">제조와 성능 특성을 포함한 실제 콘크리트 배합</th></tr>
<tr><td colspan="2" rowspan="5">제조 특성</td><td colspan="2">슬럼프</td></tr>
<tr><td colspan="2">굳지 않은 콘크리트의 공기량</td></tr>
<tr><td colspan="2">재료 분리</td></tr>
<tr><td colspan="2">강도 발현</td></tr>
<tr><td colspan="2">수화열 발현</td></tr>
<tr><td colspan="2" rowspan="5">성능 특성</td><td colspan="2">물–시멘트비, 염분과 알칼리양</td></tr>
<tr><td colspan="2">굳은 콘크리트의 공기량</td></tr>
<tr><td colspan="2">동결융해시험</td></tr>
<tr><td colspan="2">목표 강도(Grade)</td></tr>
<tr><td colspan="2">재료분리 경향</td></tr>
</table>

표 4.4 콘크리트 발주 · 제조 · 운반에 관한 환경배려

항목	환경배려 형태	방 책
공장 선정	자원절약형	• 순환골재의 입수가 가능한 설비를 보유하며, 저장 및 관리가 적절히 행해지고 있는 공장 선정
	환경부하물질저감형	• ISO 14001(환경관리 시스템)의 인증을 받은 공장 또는 인근 지역 소음 · 진동대책, 분진대책, 수질오염 방지, 폐기물 삭감 등의 환경보전에 임하는 공장 선정
	에너지절약형	• 공사현장에 근접한 공장 선정
발주	자원절약형	• 잔여 콘크리트가 발생하지 않도록 발주
제조	자원절약형	• 제조과정에서 발생된 순환자원은 콘크리트 제조에 재활용하여 폐기물이 다량 발생하지 않도록 함
	에너지절약형	• 콘크리트 비빔은 효율이 좋은 믹서를 사용하여 1배치당 제조량이 과대하지 않도록 효율이 고려된 배치용량 설정
운반	환경부하물질저감형	• 콘크리트를 운반할 때 소음대책 및 배기가스대책을 실시한 운반차 사용
	환경부하물질저감형 에너지절약형	• 콘크리트 운반차를 운전할 때 소음 및 연비 고려
	에너지절약형	• 콘크리트의 운반경로는 공사현장까지 신속히 운반할 수 있는 경로로 함
	에너지절약형	• 콘크리트 운반은 적재량에 따라 운반차를 선정
	환경부하물질저감형	• 콘크리트 하차 후 호퍼 및 슈트에 부착된 콘크리트의 청소는 공사현장 내 또는 공장 내에서 행하며, 세차에 이용된 물은 에지테이터 트럭의 드럼 내에 보관하여 공장에서 배출함
입수	자원절약형 에너지절약형	• 콘크리트 운반은 1일 납입량, 시간당 납입량, 콘크리트 타설 개시시간 등을 고려하며 공사현장에서 운반차의 지연시간을 최대한 짧게 계획함
	자원절약형	• 하차할 때 슬럼프가 저하한 콘크리트는 콘크리트 공사에 사용 가능 여부를 판단하며 유동화제 등에 의해 슬럼프를 회복시킨 후 가능한 제한하여 사용

지붕 위 또는 포장된 지역에서 우수를 모으고 이것을 세척용수나 배합용수로 사용하는 것도 가능하다. 그림 4.2는 세척수를 재활용하기 시작한 영국 프리캐스트 제조업자로부터 받은 한 사례로써 물의 흐름에 대하여 보여준다. 리사이클링으로 인한 소요 정수수의 많은 절감과 화학적 처리공정의 불필요로 제조자에게 원가절감의 혜택을 줄 수 있는 점을 주목할 필요가 있다. 게다가 정수시설에서 처리될 하수량이 줄어들고 음용수의 소비를 줄임으로써 사회적 혜택도 기대할 수 있다.

콘크리트제품은 당연히 일정한 수준의 소음과 분진을 발생시키게 된다. 이러한 문제는 생산지역에서 관계기관에 의하여 규제를 받게 된다. 그러나 이러한 소음과

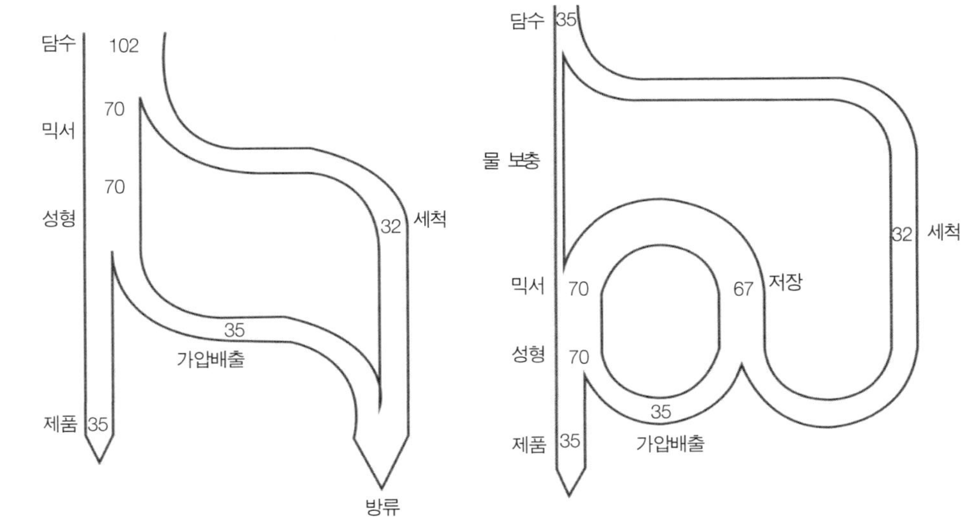

a : 비싼 화학처리 이후에 오수를 방출하는 기존 시스템

b : 화학적 처리를 하지 않고 세척수를 재활용하는 새로운 시스템

그림 4.2 프리캐스트 콘크리트 생산 시의 물의 흐름도[4-3]

분진을 최소화하기 위해서는 다음과 같이 여러 가지 수단이 사용될 수 있다.

(1) 일정한 시간대의 운송 트럭의 운행 제한

(2) 혼합믹서의 방음장치 설치와 골재 컨베이어 시스템의 밀폐

(3) 현대화된 저소음 트럭믹서의 사용

(4) 시멘트와 파우더의 밀폐된 배관

(5) 골재의 밀폐된 저장시설의 사용

필요한 수단은 공장의 위치와 장치에 의해 발생하는 소음레벨에 크게 의존하게 된다. 한 예로 보도블록 등과 같은 노-슬럼프 콘크리트 생산자는 레미콘보다 훨씬 높은 정도의 소음방지장치가 필요하다. 소음과 분진은 작업환경과 인근 이웃에 영향을 미치는 외부환경 등에 직접적인 관계를 갖게 된다.

4.3.1 콘크리트 제조자의 체크리스트

콘크리트 생산자가 환경 친화적인 제품 생산을 위하여 올바른 기술을 선택하기 위해서는 표 4.5와 같은 체크리스트가 준비되어야 한다.[4-6] 만일 표 왼쪽 열의 질

표 4.5 콘크리트 생산자의 체크리스트

콘크리트 생산자가 고려해야 할 환경문제	환경영향
• 가능한 최대 범위까지 인근지역의 골재를 사용하였는가?	• 운송의 최소화
• 배합설계가 골재의 입도구성에 따라 최적화되어 있는가? • 혼합시멘트나 혼화재료(SCM)가 시멘트 클링커 대체용으로 배합설계에 포함되어 있는가? 만일 그렇다면, 이러한 대체재가 타 산업의 부산물인가?	• 시멘트 클링커의 감소에 따라 CO_2 발생량의 저감 • 애쉬나 슬래그 등과 같은 산업부산물 매립 필요성의 감소 및 천연자원 사용의 저감
• 플랜트 설비를 개선하거나 유지관리를 잘하고 있는가? • 근로자들에 대한 에너지와 원자재 소비에 대한 교육과정이 있는가?	• 에너지 소비와 폐기물 발생의 최소화
• 소음과 분진을 최소화하기 위한 적절한 조치를 취하였는가?	• 작업환경과 외부환경의 개선
• 가능한 식물성 약품을 사용하는가? 또한 식물성 유압오일을 사용하는가?	• 콘크리트 슬러리 내에 생물학적으로 분해 가능한 물질 형성과 탄화수소의 감소
• 침전조 이후의 세척수를 혼합수 혹은 세척수로서 재사용하는가? • 제품생산에 사용하기 위하여 우수를 수집하는가?	• 천연자원 소비의 최소화와 폐기물 발생의 감소
• 침전조에서 나온 콘크리트 슬러리를 재활용하는가? • 과도생산이나 반납된 생콘크리트의 골재를 재사용하는가? • 경화된 콘크리트 폐기물을 다른 현장이나 콘크리트를 제조할 때 분쇄하여 재활용하는가?	• 천연골재 소비의 감소와 폐기물 매립량의 절감
• 종이, 플라스틱, 금속 및 화학약품 등과 같은 기타 폐기물을 수집하여 적절하게 재활용하는가?	• 자원 소비와 폐기 필요성의 감소
• 선택된 콘크리트 기술이 작업환경에 유리한가?	• 프리캐스트 공장과 건설현장에서 콘크리트 작업자의 환경개선
• 강도, 내구성, 구조설계 등의 목적에 적합하도록 콘크리트가 최적화되어 있는가? • 마감작업 또는 적절한 강도발현 이전에 잉여수의 건조가 발생하지 않도록 콘크리트의 수화가 완전하게 조절되었는가?	• 건축물이나 토목구조물과 같은 최종 목적에 적합하도록 콘크리트 설계의 최적화

문사항에 "예"라고 답변할 수 없다면 개선의 여지가 있는 것으로 볼 수 있다. 표의 마지막 두 행은 콘크리트 생산자의 범위를 벗어나는 것일 수도 있다. 그것은 오히려 설계자나 도급자에게 해당하는 사항으로 볼 수 있다. 그러나 프리캐스트제품의 경우 콘크리트 생산자는 종종 설계자와 도급자를 동시에 겸하는 경우도 종종 발생한다.

친환경적인 콘크리트를 생산하는 올바른 방법은 존재하지 않는다. 그것은 콘크리트 생산자에 의하여 조절될 수 없는 여러 가지 요인들을 모두 포함한 생애주기 동안을 고려한 복잡한 평가를 통하여 이루어진다. 혹은 더 나아가 비환경적인 요인들에 의하여 종종 결정이 뒤집어질 수도 있다. 그러나 콘크리트 제작자가 체크리스트를 통하여 작업을 진행하면 환경적인 문제에 초점을 맞추어 업무를 진행하고 변화의 필요성을 고려할 수 있다. 이러한 과정은 대부분의 경우에 모든 산업이 보다 더 환경적인 의식을 가지도록 유도할 수 있다.

4.3.2 콘크리트 생산 시 건설폐기물의 재활용

건설폐기물을 다시 건설자재로 재활용하는 기술은 이미 매우 광범위하게 알려지고 사용되고 있는 것으로 인식되고 있다. 따라서 이 분야에 대해서는 BAT 시스템이 존재하고 활용될 준비가 된 것으로 가정할 수 있다. 그러나 가장 주요한 장애는 재활용을 하기 위한 조건으로 경제적인 이윤을 제공해야 한다는 것이다. 특히 공공기관을 통한 녹색제품의 조달은 재활용을 더욱 가속화시킬 것으로 기대된다. 재활용된 콘크리트의 주요한 적용방안은 다음과 같다.

(1) 도로의 보조기층과 건설현장의 되메움재로 활용: 재활용된 콘크리트의 품질과 균질성은 역청, 벽돌이나 석고 등과 같은 불순물의 존재로 변화가 심하기 때문에 성능이 우선시되지 않는 저품질의 기술에 주로 적용된다. 그러므로 보조기층과 같은 부분은 건설폐기물의 재활용면에서 BAT에 해당하는 적절한 적용처이다.

(2) 천연골재의 대체품으로 콘크리트에 재활용: 이러한 적용은 가능하며 순환골재 콘크리트의 성능은 보통콘크리트와 유사한 성능을 가질 수 있다. 그러나 순환골재는 표면에 부착된 모르타르와 페이스트 때문에 흡수율이 증가하고 그 역학적 성능이 천연골재보다 떨어질 수 있다. 따라서 이러한 적용방법은 순환골재의 품질에 더 많은 노력이 필요하므로 BAT로 볼 수 없다.

그러나 네덜란드나 벨기에와 같이 천연자원이 부족한 나라에서는 순환골재를 콘크리트제품에 사용하는 것이 유리하기 때문에 이러한 관점이 달라질 수도 있다. 이러한 관점이 달라질 수 있는 또 다른 조건은 운송이다. 재활용을 위하여 건설폐기물의 과도한 운송거리가 필요한 경우에는 환경적인 관점에서 적절하지 않다. 건설폐기물은 지속가능한 사용을 위하여 분쇄되고 적절한 처리과정을 거쳐 재사용되어야 한다.

fib 보고서 47에는 콘크리트 조각을 처리하여 재활용 재료의 역학적 성능을 개선하기 위한 기술에 대하여 여러 가지 참고자료를 제공하고 있다. 이러한 기술들은 주로 일본 기술에 원천을 두고 있으며 부착된 페이스트를 제거하기 위한 기계적인 세척작업을 포함하고 있다. 그러나 이러한 기술들은 에너지 소비와 가격적인 면에서 과연 환경 친화적 기술인지에 대해서 의문시될 수 있으므로, 그것은 지역적인 조건과 생애주기 분석 등에 따라 달라진다.

4.4 시공

'콘크리트 공사', '철근 및 철근 공사' 및 '거푸집 및 거푸집 공사'에 관한 환경배려 사항은 표 4.6과 같이 정리할 수 있다.[4-6] 콘크리트 공사에서 장수명형의 환경배려 사항은 콘크리트의 균질 및 밀실한 타설·다짐, 피복두께의 확보, 연결부 처리 및 적정한 양생 등을 고려할 수 있다. 한편, 에너지절약형 및 환경부하저감형의 환경배려에 관해서는 그에 준하는 공법·기자재의 선정과 운전 등을 고려한다. 철근에 관해서는 자원절약형 및 에너지절약형의 환경배려를 고려할 경우 고밀도 철근의 정착부에 철근량을 삭감하는 공법(기계식 정착)을 선정하거나 정착부에 가스 소비량이 적은 접합공법을 적용하는 것을 고려해야 한다. 또한 심한 염해를 받는 지역에 장수명형의 환경배려를 고려할 경우 방청처리 철근(에폭시도막 철근, 스테인리스 스틸 철근 등)의 사용을 검토하는 것과 함께 설계 피복두께를 확보하는 것이 중요하다.

거푸집에 관해서는 사용횟수를 늘리는 것이 기본이며, 또한 자원절약형의 환경배려를 고려할 경우 재자원화하기 위해 구조가 정비된 거푸집을 사용하며, 환경부하물질저감형의 환경배려를 행할 경우 재자원화가 가능한 거푸집 및 사용 후의 폐기처분이 발생하지 않는 타설 거푸집을 이용하는 것이 중요하다. 또한 공기·작업시간의 단축이 기대되는 시스템 거푸집 및 타설 거푸집을 사용하는 것은 에너지절약형의 환경배려에 연관되며, 투수성·탈수성을 갖는 거푸집을 사용하여 콘크리트 표면을 치밀화하며, 구체의 보호효과가 높은 하프 프리캐스트제품을 거푸집으로 사용하여 장수명형의 환경배려가 가능하다.

표 4.7에 5가지 종류의 환경배려 사례를 소개하였다. 각 사례에는 자원절약형, 에너지절약형, 환경부하물질저감형 및 장수명형의 환경배려에 의해 환경부하가 어

표 4.6 콘크리트 공사 · 철근 공사 · 거푸집 공사에 관한 환경배려

항목	환경배려 형태	방 책
콘크리트 공사	장수명형	• 콘크리트 운반, 타설 · 다짐, 연결부 처리 및 양생의 각 작업에 있어서 특별한 대책을 강구하여 구조체로서의 콘크리트 품질 향상 노력
	환경부하물질저감형	• 공사에 따른 소음 · 진동, 배출가스 등의 억제를 고려한 건설차량 · 기계를 우선 사용하여 공사현장의 주변지역 환경 및 작업환경의 보전 노력 • 공사현장 내에 발생하는 오수 및 배수를 적절히 처리 · 처분함
	자원절약형	• 천연자원의 보전에 준하는 공법 · 기자재를 우선 사용하며, 부득이 구체공사에 사용할 수 없는 콘크리트 및 모르타르는 가설블록 및 노반제 등에 재자원화 도모
	에너지절약형	• 콘크리트의 품질 저하 및 환경부하물질의 증대를 최소화하는 범위 내에서 이산화탄소(CO_2) 배출량의 삭감에 준하는 공법 · 기자재를 적절히 선정
철근 공사	자원절약형 에너지절약형	• 고밀도 배근의 정착부에 관해서는 철근량을 삭감하는 공법을 선정하며 정착부에 가스소비량이 적은 접합공법을 선정
	장수명형	• 현저한 염해를 받는 지역에서는 방청처리 철근의 사용을 검토하며 피복두께 확보
거푸집 공사	자원절약형	• 운용횟수를 늘리기 위해 형틀의 선정 및 공사계획을 적절히 실시
	에너지절약형	• 공기 · 작업시간의 단축이 기대되는 시스템 형틀 및 타설 형틀을 우선 사용
	환경부하물질저감형	• 재자원화가 가능한 형틀, 또는 사용 후 폐기처분이 발생하지 않는 형틀 사용
	장수명형	• 투수성 · 탈수성이 있는 형틀을 사용하여 콘크리트 표면을 치밀히 하는 공법, 또는 구체의 보호효과를 높인 프리캐스트제품을 이용한 공법을 우선 사용

느 정도 저감되는지를 가능한 한 정량적으로 나타내고 있어 철근콘크리트구조 건축물의 설계 · 시공에 환경배려 사항의 도입을 검토하는 데 있어 참고할 수 있다. 표 4.8에서는 고층 철근콘크리트구조 집합주택에서 프리캐스트 부재를 적용한 경우(슬래브의 일부는 버킷 타설)의 환경부하와 재래식 공법(현장타설, 펌프 압송, 합판 거푸집)을 이용한 경우 환경부하와의 비교결과를 소개하였다. 표 4.9와 같이 프리캐스트 부재를 적용한 경우에는 사용 자재량이 감소하며(자원절약), 반입 · 반출 차량의 감소에 의해 CO_2 배출량을 저감(에너지절약, 환경부하물질저감)시킬 수 있다. 또한 프리캐스트화 함으로 인해 시공 정도가 높아지기 때문에 구조체의 공기가 재래공법의 경우의 40 % 정도이고 노동시간 및 장비 이동시간을 단축할 수 있다.[4-8]

표 4.7 환경배려 사례

사례	적용	적 요
1	프리캐스트 부재	프리캐스트 부재를 적용한 초고층 철근콘크리트구조 주택의 시공
2	고품질 순환골재	고품질 순환 굵은골재를 사용한 콘크리트의 시공
3	중품질 순환골재	중품질 순환 굵은골재를 사용한 콘크리트의 시공
4	저품질 순환골재	속이 빈 골재를 사용한 콘크리트에 의해 현장 내 사이클 시스템
5		해체 콘크리트 덩어리를 사용한 대형 구조물의 인공지반 콘크리트의 시공

표 4.8 프리캐스트 부재를 사용한 RC 고층건축 예

공법	프리캐스트율 (%)	현장 반입 자재량 (t/m²)	현장 반출 자재량 (t/m²)	현장 반출 산업폐기물량 (t/m²)	현장 반출입 차량 수 (대/m²)	목재자원 소비량 (t/m²)
현장타설	0	1.205	0.016	27.4	0.107	0.058
프리캐스트	45.1	0.945 (78.4 %)	0.010 (62.5 %)	0.8 (2.9 %)	0.084 (78.5 %)	0.0009 (1.6 %)

표 4.9 주거용 고층 건축물에서 현장타설과 프리캐스트 공법의 비교

건축물 높이		142.7m	
지상층 수		43층, 탑 1층	
지하층 수		2층	
바닥면적		64,213 ㎡	
설계기준압축강도 (MPa)	층수	기둥	보, 바닥
	40	30	30
	30	36	36
	23	48	48
	14	60	48
	6	80	48
	2	100	48
프리캐스트 부분		외주기둥 거푸집 보, 바닥	
외주의 가구형식		아웃프레임	

시공단계 동안 사용할 수 있는 녹색기술 중 하나는 콘크리트를 건조시키기 위한 에너지를 최소화할 수 있는 자기건조 콘크리트를 사용하는 것이다. 실제로 겨울철에는 바닥 콘크리트를 건조시키기 위하여 20 ~ 50 kWh/m^2의 에너지가 필요하게 된다. 물-시멘트비 40 %의 자기건조 콘크리트는 주변 습도의 조절 없이 상대습도 85 %까지 건조가 가능하다. 또한 다음과 같은 사항을 권고할 수 있다.

(1) 표면 마감재를 시공하기 전에 콘크리트의 적절한 건조시간을 확보할 것
(2) 건축물에서 소음의 측면전달을 피할 수 있는 상세 적용에 주의를 기울일 것

4.5 사용

건축물에서 내부 벽체에 노출콘크리트를 적절하게 사용하면 냉 · 난방에 사용되는 에너지 소비를 약 5 ~ 15 % 정도 절감할 수 있다. 정확한 감소량은 기후조건, 건축물의 방향, 콘크리트 표면의 노출량, 환기 시스템의 종류 등에 영향을 받게 된다. 이러한 에너지 감소량은 냉난방 에너지를 콘크리트 안에 파이프 등을 설치하여 이동시키는 능동형 축열 시스템을 사용할 경우에 더 확대시킬 수 있다. 따라서 건축물 사용 에너지를 산정할 때에는 건축물 구성재료의 열성능 효과를 포함하도록 할 필요가 있다. 이를 위하여 다음과 같은 사항을 권고할 수 있다.

(1) 에너지 사용과 열 쾌적성을 확보하기 위하여 서멀매스 효과를 명확하게 하고 활용할 것
(2) 태양열이나 기타 무료 에너지 획득 장치를 활용하여 축열을 극대화할 것
(3) 냉난방 시스템의 최고효과를 위한 요구성능을 만족시키기 위하여 서멀매스 효과를 명확하게 하고 활용할 것
(4) 축열을 고려한 에너지 산정 프로그램을 사용할 것
(5) 낮은 최고효과를 위하여 에너지원을 절감하는 설계법을 활용할 것
(6) 축열성능을 활용하기 위하여 콘크리트 표면을 노출시킬 것

구조물을 최적화시킴으로써 환경영향을 감소시키는 것도 가능하다. 그 예는 다음과 같다.

(1) 전통적으로 사용되던 보강철근을 스테인리스 강재로 대체함으로써 유지관리 활동을 감소시킬 수 있다. 그러나 스테인리스 강재를 생산할 때에는 몰리브덴, 니켈, 크롬 같은 희소물질을 사용하기 때문에 이러한 접근법은 주의 깊게 사용되어야 한다.

(2) 아스팔트 혹은 방수재 등을 사용하지 않고 교량을 건설하면, 시공기간뿐만 아니라 보수 시에도 에너지와 원자재를 절감할 수 있다. 그러나 교량을 통과하는 차량이 콘크리트 표면에 직접 접촉하게 되고 또한 콘크리트 표면은 외기조건에 그대로 노출되므로, 이를 위해서는 콘크리트 표면의 요구성능이 보통 교량보다 엄격하게 관리되어야 한다.

(3) 구조물의 일부분을 쉽게 대체할 수 있도록 구조물을 설계하면 환경영향을 감소시킬 수 있다. 이러한 부분은 교량의 예를 살펴볼 때, 교각과 단부 보와 같이 가장 노출이 심한 부분이 될 것이다.

(4) 영구거푸집을 사용하게 되면 하나의 녹색 대안이 될 수 있다. 영구거푸집의 사용에 의해 저품질의 콘크리트를 사용할 수 있어 전체적인 환경영향을 줄일 수 있다.

4.6 맺음말

콘크리트 산업에서 지속가능성을 확보할 수 있는 그린콘크리트 기술은 원자재의 선정으로부터 생산, 시공, 사용 및 재활용 단계까지 전 범위에 걸쳐 다양하게 개발되고 있는 추세이다. 또한 콘크리트 공사의 환경배려 형태는 그 목적에 따라 자원절약형, 에너지절약형, 환경부하물질저감형 및 장수명형 등 4가지로 분류할 수 있으며, 각 환경배려 형태에 따라 다양한 기술이 적용될 수 있을 것이다.

본 장에서는 그동안 연구 개발되어 온 그린콘크리트 기술을 콘크리트 생산단계별로 구분하여 환경배려의 형태 및 적용 기술을 요약하여 제시하였으며, 그린콘크리트 기술의 성과를 이해할 수 있는 일부 사례들을 제시하였다.

21세기에 접어들면서 전 세계적인 화두로 등장한 지속가능한 개발의 요구는 근래 급속한 그린콘크리트 기술의 발전을 유발하였으며, 향후에도 당분간 급속한 기술의 발전이 이루어질 것으로 예상된다. 전 세계적으로 기술의 시발점이 큰 차이를 갖지 않는다는 점은 우리나라 콘크리트 기술이 세계 선도 기술로 뻗어나갈 수 있는 좋은 기회라 여겨지며, 실제 우리나라의 현 기술수준과 기술개발 의지 역시 이러한 가능성에 더 큰 무게를 실어주고 있는 것으로 판단된다. 어쨌든, 그린콘크리트 기술은 향후 지속적으로 급속한 발전이 이루어질 것으로 예상되므로, 콘크리트 산업에 종사하는 전문가들은 이 장에서 요약하여 소개한 기술 이외에도 미래의 기술개발 동향과 이의 적용방안에 대한 지속적인 관심과 지원이 필요할 것으로 판단된다.

4.7 참고문헌

4-1 Koji Sakai et al., The environmental design of concrete structures-General Principles, Fib Task Group 3.6, May 2008

4-2 Fib, "Model code 2010 final draft", Fib special activity group 5, Sep. 2011

4-3 Mette Glavind et al., Guidelines for green concrete structures, Fib Task Group 3.8, 2011

4-4 Kenji Kawai, "Environmental impact evaluation of concrete", 한국콘크리트학회 2010년 봄 학술대회 특별강연집, 2010. 5

4-5 한국건설교통기술평가원, "[Green-up 30] 탄소저감형 건설재료 기술개발 기획보고서", 국토해양부, 2011. 6.

4-6 일본건축학회, 철근콘크리트조 건축물의 환경배려 시공지침(안) · 동해설, 2008. 9.

4-7 Green concrete, www.greenconcrete.dk

4-8 Sven Alexander et al., "(State-of-art report) Environmental issues in prefabrication", Fib Task Group 3.1, Jan. 2003

5장 전과정 평가

5.1 일반사항

최근 건축물의 전과정 평가(Life-Cycle Assessment, LCA)에 대한 관심이 고조되면서 건설자재의 LCA 분석 및 이를 위한 데이타베이스 구축에 관한 연구의 필요성이 부각되고 있다. 특히, 건설 산업의 주요 자재인 콘크리트는 CO_2 배출 관점에서도 CO_2 주요 배출자재로 분류되는바 콘크리트와 관련된 자재 및 구조물 전과정 CO_2 배출량의 평가·관리에 관한 연구는 정부의 에너지·온실가스 감축 목표를 실현하기 위한 건설 산업의 친환경 건설기술 및 정책 개발의 측면에서도 매우 중요한 의미를 갖는다고 할 수 있다.[5-1]

이미 환경 선진국에서는 콘크리트의 전과정 평가에 관한 연구와 더불어 콘크리트 산업의 CO_2 배출량을 예측하고 환경을 배려한 콘크리트 산업의 제도 및 정책지원 시스템을 개발하는 등 저탄소 콘크리트 산업의 개발에 노력하고 있다. 물론 국내에서도 지식경제부와 환경부의 국가 전과정 목록(life-cycle inventory, LCI) 데이터베이스(DB) 구축 사업[5-2]을 시작으로 국토부의 건축자재 환경성정보 국가 DB 구축 사업 등을 통해 건설자재의 LCA 평가 및 DB 구축에 관한 연구가 진행된 바 있으며, 최근 국토부의 탄소저감형 건설재료 연구사업을 통해서도 향후 환경적 관점에서 평가 및 관리가 필요한 주요 건설자재에 대한 LCA 평가 및 DB 구축에 관한 연구가 크게 진일보될 것으로 기대되고 있다.

이에 본 장에서는 전과정 평가에 대한 국제적 기준을 소개하고 국내외에서 개발된 콘크리트 및 콘크리트 구조물의 전과정 평가기술에 대해 정리하였다. 또한 콘크리트 및 콘크리트 구조물의 전과정 평가 시 고려되는 다양한 환경영향 요소 중 CO_2에 대한 전과정 평가 가이드라인을 제안하였다.

5.2 전과정 평가 국제 표준

5.2.1 개요

전과정 평가란 제품의 시스템 전과정에서 관련 투입물과 산출물에 대한 목록을 작성하고, 이들과 연관된 잠재적인 환경영향을 평가하여 평가목적과 관련한 목록 분석결과와 영향평가 결과를 해석함으로써 제품과 연관된 환경적 측면과 잠재적인 환경영향을 평가하기 위한 기법으로 국제 표준기준인 ISO 14000 시리즈에 기술적 근간을 두고 있다. 이는 제품이나 공정 서비스를 대상으로 원료의 추출과 가공, 제조, 수송, 유통, 사용, 재사용, 유지보수, 재활용, 폐기까지의 모든 활동을 포함하며, 자원, 에너지 소비 및 환경오염 부하를 최소화할 수 있는 개선점을 찾아 지속가능한 개발과 생태계의 균형을 도모하는 데 목적이 있다.[5-3,4]

5.2.2 ISO 14000 시리즈

ISO 14000 시리즈는 기업활동의 전반에 걸친 환경경영체제를 평가하여 객관적인 인증을 부여하는 것으로써 기업이 단순히 해당 환경법규 또는 규제기준을 준수하고 있는가의 차원을 넘어 기업이 얼마나 환경방침, 추진계획, 실행 및 운영, 점검 및 시정조치, 경영자 검토, 지속적 개선 등의 포괄적인 환경경영을 실시하고 있는가를 평가하는 제도이다. 이는 1990년대 들어 환경보호를 위한 국제적 공동대응의 필요성이 제기됨에 따라 1991년 유엔 환경개발회의(UNCED)에서 국제표준화기구(ISO)와 국제전기표준회의(IEC)에 환경경영에 관한 국제표준 제정을 요청하였으며, 1993년 ISO와 IEC는 환경전략자문그룹(SAGE)을 설치하고 이 그룹의 건의에 따라 기술위원회(TC)를 설립하여 ISO/TC 207에서 표준화를 추진하였다.

한편, ISO 14000 시리즈는 ISO/TC 207에서 환경경영에 대한 규격화를 추진하는 규격들의 일련번호로서 표준화가 추진되고 있는 7개의 주제별로 10단위씩 번호가 부여되는데, 이 중 ISO 14001 규격은 환경경영체제 사용을 위한 세부지침으로 1996년 9월에 제정되었고, 10월에는 보완규격인 환경감사규격(ISO 14010, 14011, 14012)이 제정되었다. ISO 14000 규격은 기업활동이나 제품을 통해 환경에 가하는 부하를 가능한 줄일 수 있도록 배려한 국제규격으로서 관련 규격과의 구조체계를 살펴보면 그림 5.1과 같다. 그림 5.1에서처럼 ISO 14000 규격은 환경경영체제에 관한 국제 표준화 규격의 통칭으로 기업활동 전반에 걸친 환경경영체제를 평가하여 객관적으로 인증하며, 기업이 단순히 해당 환경법규나 국제기준을 준수했는지를 평가할 뿐만 아니라 경영활동 전과정에 걸쳐 환경방침 및 추진계획(Plan), 실행(Do), 시정조치 및 경영자 검토(Check), 그리고 지속적 개선(Act)들의 포괄적인 환경경영도 실시하고 있는지를 평가한다. 특히 ISO 14000 시리즈는 크게 인증과 감사에 관한 규격으로서 환경경영시스템(EMS), 환경감사 및 심사(EA & RI), 환경라벨링(EL) 규격이 있으며, 이를 지원하는 기술 및 기법에 관한 규격으로서 환경성과평가(EPE), 전과정 평가(LCA), 제품규격의 환경적 측면(EAPS) 규격 등으로 구성된다.

ISO 14020's인 환경라벨링(EL)에서는 기업이 제공하고 있는 제품에 대한 환경성

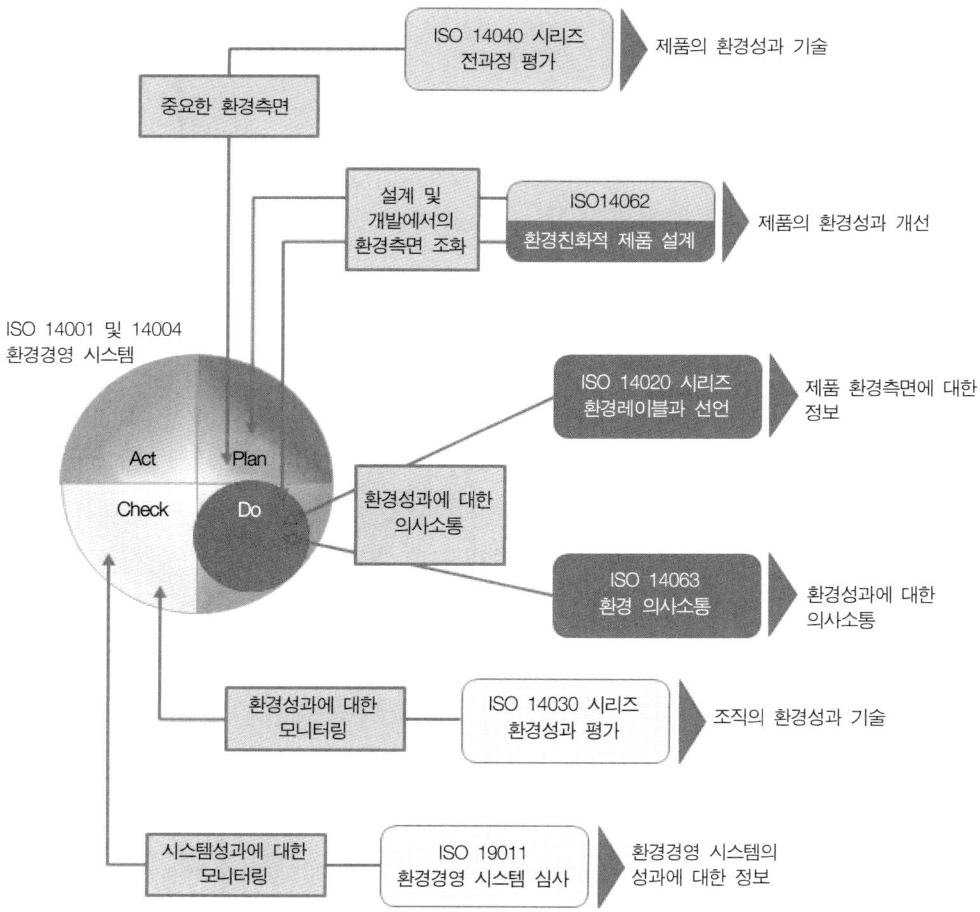

그림 5.1 ISO 14000 시리즈의 구조

선언에 관한 사항을 다루고 있으며 제3자 인증에 의한 환경마크 부착에 필요한 지침 및 절차 등에 대한 규정과 기업이 자사 제품의 환경성을 스스로 주장하는 데 필요한 일반지침 및 원칙에 대한 규정 등이 포함되어 있다.

ISO 14030's인 환경성과평가(EPE)는 조직활동 전반에 걸쳐서 환경성과에 대한 평가의 기준을 설정하고 있으며, 조직의 환경성과를 측정하고 평가하는 절차, 그리고 환경성과를 대내외에 보고하는 방법 등을 주요 내용으로 포함한다.

ISO 14040's인 전과정 평가(LCA)는 일종의 환경영향평가 기법의 하나로서 어떤 제품, 공정 및 활동의 발생으로부터 소멸까지의 전과정에 걸쳐서 사용되고 배출되는 에너지 및 물질의 양을 정량화하고 이들이 환경에 미치는 영향을 평가하며 궁극적으로는 지속적인 환경성과의 개선방안을 모색하는 등을 수행하기 위한 기본원칙 및 제반절차 등이 포함되어 있다.

ISO 14050's인 용어 및 정의(T & D)는 ISO/TC 207의 각 분과위원회에서 개발하고 있는 여러 가지 규격 및 지침에서 사용되는 용어를 체계적으로 정의하고 있으며 궁극적으로 각각의 규격에서 사용하고 있는 용어의 조화를 통하여 환경경영에 관한 통일된 국제 언어인 용어 정의 규격을 개발하는 것에 목적을 두고 있다.

이 밖에도 ISO 14060's인 제품 표준의 환경측면(EAPS)은 각종 제품을 규격화하여 환경에 미칠 수 있는 영향을 최소화하기 위해 고려해야 할 일반지침 등을 담고 있다.

5.2.3 ISO 14040 시리즈

ISO 14040 시리즈인 전과정 평가(LCA)에 대한 국제 규격은 1997년에 표준화를 시작으로 기본원칙과 관련규격이 제정되기 시작하였다. ISO 14040 시리즈는 기본적인 전과정 평가의 기본개념과 구조를 설명하는 ISO 14040과 전과정 평가의 목적과 범위 정의, 목록 분석, 전과정 영향평가, 전과정 해석의 단계별 규격을 다루는 ISO 14044로 구성되어 있다. 또한 이들 규격의 이해와 전과정 평가의 수행을 보조하는 ISO/TR 14047, ISO/TS 14048, ISO/TR 14049가 있다. 표 5.1은 지금까지 진행된 ISO 14040 시리즈의 규격현황 및 내용을 나타내며 그림 5.2는 ISO 14040 시리즈의 분석 구조를 나타낸다.[5-5]

표 5.1 ISO 14040 시리즈의 규격현황 및 내용

문서번호	제 목	내 용
ISO 14040 : 2006	Principles and framework	• 제품과 서비스의 LCA를 위한 기본원칙, 구조, 방법론적인 요구조건 제공
ISO 14044 : 2006	Requirements and guidelines	• LCA의 목적 및 범위 정의와 전과정 목록분석의 수행절차에 대한 지침 제공 • LCA 수행에서 전과정 영향평가의 수행절차에 대한 지침 제공 • LCA 수행결과에 대한 해석을 위한 지침 제공 • LCA의 요구사항 및 지침 제공
ISO/TR 14047 : 2012	Illustrative examples on how to apply ISO 14044 to impact assessment situations	전과정 영향평가에 대한 이해를 돕기 위한 예제 제공
ISO/TS 14048 : 2002	Data documentation format	전과정 평가를 지원하기 위한 데이터 포맷에 관한 정보 제공
ISO/TR 14049 : 2012	Illustrative on how to apply ISO 14044 to goal and scope definition and inventory analysis	목적 및 범위 정의와 목록 분석을 다루고 있는 ISO 14044의 이해를 돕기 위한 예제 제공

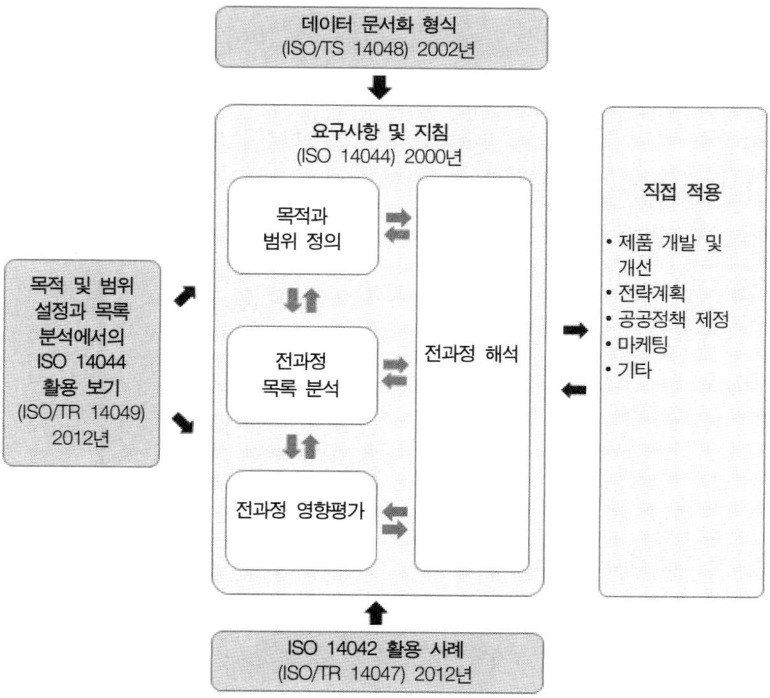

그림 5.2 ISO 14040 시리즈의 분석구조

5.3 국내외 전과정 평가기술 현황

5.3.1 개요

국내의 전과정 평가는 1990년대 후반 이후 기초 소재분야 및 제조업 중심의 LCA 평가 프로그램 개발 및 DB 구축이 이루어져 왔으며, 2005년부터 3년간 건축자재 환경성정보 국가 DB 구축 사업을 통해 범용성 및 파급효과가 큰 건설재료 22개 모듈에 대한 DB 구축 사업이 진행되었다. 한편, 국외의 경우도 전과정 평가는 화학, 자동차, 전자, 반도체를 중심으로 활발한 연구가 진행되었으나, 기존에 개발된 환경 선진국의 전과정 평가프로그램도 건설재료에 특화된 전과정 평가프로그램개발에 관한 연구는 미비한 실정이다.

5.3.2 건설재료의 전과정 평가기술

(1) 국내 건설재료 LCA 평가기술 (그림 5.3)

국가 LCI DB를 구축하기 위한 방법으로 쓰인 개별적산법(Process Analysis)은 제품과 시스템을 설계도서와 견적서 등에서 제조공정, 소재 등으로 구분하여 원료의 추출에서부터 제조 및 가공, 수송 및 유통, 사용, 최종 폐기에 이르는 한 제품이나 공정의 전과정 동안의 에너지 및 원료 소요량과 환경배출물질을 정량화하여 구체적으로 조사하고 목록을 작성하는 방법이다. 건설제품 및 건축물의 지속가능성 실현을 위해서는 전과정 목록(LCI), 전과정 평가(LCA), 환경제품선언(environmental product declaration, EPD)이 단계별로 진행되어야 한다.[5-6] LCI DB모듈은 국가별로 구축되거나 지역별로 구축되고 있으며, 국내에는 현재 400여 개의 국가 모듈이 구축되어 있다.

표 5.2 국내외 전과정 평가프로그램 비교 분석[5-7]

프로그램	개발국	기관	주요 특징
TOTAL	한국	환경부	환경성적표지제도 지원 LCA 프로그램
PASS	한국	지식경제부	제품의 LCA 프로그램, Total 프로그램과 유사
COOL	한국	한국환경산업기술원	탄소성적표지제도 지원 $LCCO_2$ 평가 프로그램
BEES	미국	NIST	환경영향과 경제성을 고려한 의사결정 도구
ATHENA	캐나다	ASMI	건축자재의 복합적 환경성능 비교 검증
Gabi	유럽	Europe GmbH	다수의 변수에 대한 민감도 분석 가능
ecoMA	일본	도쿄대학교	레미콘 산업 동향 예측 및 최적자재 조달업체 선정

1) TOTAL

본 프로그램은 환경부에서 산업제품의 전과정 평가를 지원하기 위해 개발되었으며, 특히 국내의 환경성적표지제도에서 요구하는 데이터 양식을 지원하므로 환경성적표지인증에 최적화된 LCA를 수행할 수 있다. 여기에는 환경성적표지인증 평가를 위한 국가 LCI 데이터베이스를 내장하고 있으며, 전 산업제품에 대한 LCA평가가 가능한 프로그램이다.

2) PASS

지식경제부(구, 산업자원부)에서 개발하였으며, 현재 4.0버전까지 개발되었다. TOTAL 프로그램과 마찬가지로 산업제품의 LCA를 수행할 수 있도록 개발되었으며, 특히 에너지 부문으로 디젤, 가솔린, 석탄 등의 LCI DB가 내재되어 있으며, 건설 관련 자재로는 포틀랜드 시멘트, 고로 슬래그 시멘트, 레미콘, 유리 등의 LCI DB를 내장하고 있다.

3) COOL

본 프로그램은 한국환경산업기술원에서 개발한 탄소성적표지제도 전용 프로그램으로서, 국가 LCI DB가 내장되어 있어 물질에 따른 탄소배출계수가 자동적으로 표기되며 대상 제품의 탄소배출량과 각 단계별(제조 전 단계, 제조단계, 수송단계, 사용단계, 폐기단계 등) 탄소배출량을 산정할 수 있다. 또한 프로그램 내의 보고서 출력 기능을 통한 탄소성적표지인증 신청 보고서 작성이 가능하다.

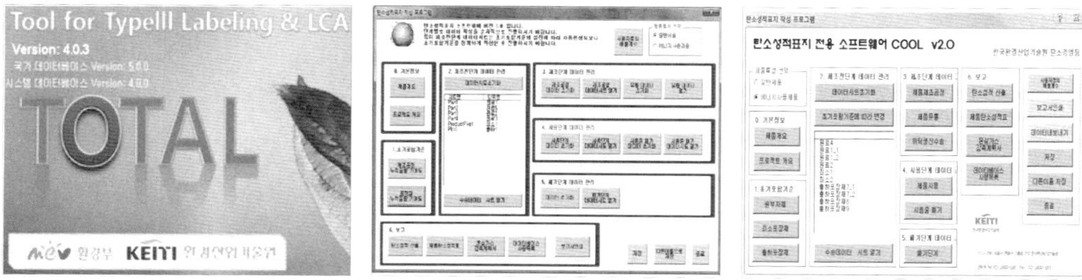

(a) TOTAL (b) PASS (c) COOL

그림 5.3 국내 건축자재 평가 프로그램

(2) 국외 건설재료 LCA 프로그램 (그림 5.4)

1) BEES

현재 미국의 대표적인 LCA 도구로서 미국 정부가 친환경적인 건설자재의 선택을 지원하기 위해 1994년 미국 NIST에 의뢰하여 개발한 프로그램이다. 산업연관 분석을 이용하여 각 제품에 대한 내재 에너지양을 산출할 뿐만 아니라, 적산방식에 의해서도 종이, 선철, 동, 합판 등 건축부분의 자재에 대한 조사를 통해 DB를 구축하고 있다. 또한 환경성뿐만 아니라 경제성을 동시에 고려할 수 있도록 고안된 기법으로 건축주 및 정부의 투자 우선순위 의사결정을 위한 지원도구로서의 역할을 하고 있으며, 온실효과 · 산성화 · 화석연료 감소 · 자연자원 고갈 · 공기오염 기준 등을 평가항목으로 한다.

2) ATHENA

캐나다에서 개발된 LCA 평가 프로그램으로서 다양한 LCI DB 제공을 통해 다양한 용도 구조물의 환경영향을 평가할 수 있다. 상세한 LCI 산출결과는 그래프나 표 형식으로 요약되어 제시되며, 생태적 자원 획득과 타입별 내재 에너지의 입력, 잠재된 온실효과, 수자원과 공기의 독성 정도, 고형 폐기물을 평가한다. 현재까지 자재범위는 스틸, 나무, 콘크리트로 한정되어 있지만 피복금속, 점토벽돌, 석고보드 등 다양한 제품들에 대한 LCI DB가 구축될 예정이다.

3) ecoMA

ecoMA는 일본의 도쿄대학교에서 개발된 프로그램으로서 건설자재 중 콘크리트 및 아스팔트를 대상으로 건설현장 조달 시 CO_2 배출량 또는 경제성을 고려하여 콘크리트 생산업체와 원자재업체를 선정하고, 과거의 건설 산업 통계 DB를 이용하여

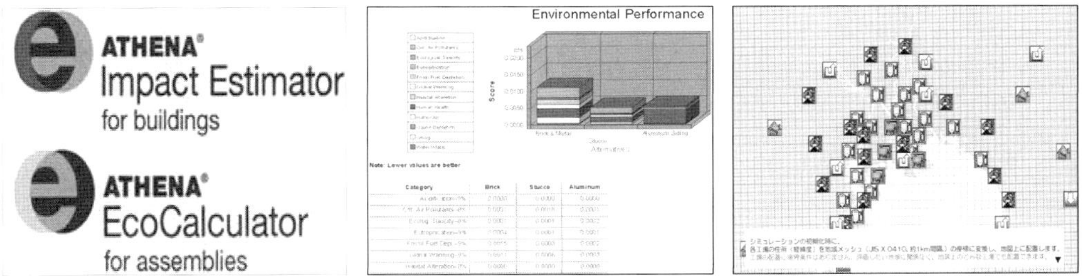

(a) ATHENA (b) BEES (c) ecoMA

그림 5.4 국외 건축자재 평가 프로그램

콘크리트 산업의 동향을 예측한 후 콘크리트 산업의 CO_2 배출량과 폐기물 발생량 등을 예측할 수 있는 프로그램이다.

5.3.3 건설구조물의 전과정 평가기술

(1) 국내 건설구조물 전과정 평가기술 (그림 5.5)

1) SUSB-LCA

SUSB-LCA(SUStainable Building Life-Cycle Assessment)는 한양대학교 '친환경건축연구센터'에서 개발된 어플리케이션 형태의 건설구조물 전과정 CO_2 평가 프로그램이다. 이는 산업연관분석법을 기반으로 구조물의 전과정에 걸친 LCE(life cycle energy), $LCCO_2$(life cycle CO_2), LCC(life cycle cost)의 분석기능과 친환경 건설 요소기술의 적용에 의한 대안 구조물의 환경부하 산출결과를 기준 구조물의 결과와 상호 비교가 가능하도록 구성되어 있다.

2) K-LCA

K-LCA(K-Life Cycle Assessment)는 국토해양부(구 건설교통부)의 주관 하에 개발된 건축물 전과정 CO_2 평가 프로그램으로 건축물의 전과정에서 배출되는 CO_2양을 정량적으로 평가한다. 이는 Excel 워크시트 형태로 개발되었으며 건설단계의 에너지 및 CO_2 원단위 적용에 있어 산업연관 분석기법에 의한 CO_2 원단위 데이터베이스를 사용하고 있다. 한편, 운영과정의 CO_2 배출량은 '건축물 에너지 설계기준'의 에너지성능지표(EPI)를 근거로 CO_2 배출량을 평가하는 방식을 적용하고 있다.[5-8]

3) 시설물별 탄소배출량 평가 프로그램

시설물별 탄소배출량 평가 프로그램은 저탄소 녹색성장 기본법과 온실가스·에너지 목표 관리운영 등에 관한 지침에 따라 국토해양부에서 개발한 Excel 워크시트 형태의 시설물(건축물, 도로시설물, 철도시설물) 전과정 평가프로그램이다. 이는 건설단계 및 운영단계에서의 에너지 및 CO_2 원단위 적용에 있어 주로 국가 LCI DB에 기반하고 있으며, CO_2, CH_4, N_2O, HFCs, SF_6 등의 배출량을 평가대상으로 하고 있다.[5-9]

4) ECO-Pia

ECO-Pia는 삼성건설기술연구센터에서 개발한 건축물 전과정 에너지 및 CO_2 평가 프로그램으로 공동주택을 주요 평가대상으로 하고 있으며 산업연관분석법에 기반을 둔 에너지 및 CO_2 원단위의 데이터베이스를 사용한다. 또한 건축물 전과정 CO_2 배출량 평가에 있어서 통계적 자료에 근거한 추계모델방식을 적용하고 있으며 최근 대두되고 있는 신재생에너지 사용에 관한 부분을 용이하게 평가하는 특징을 갖고 있다.[5-10]

(a) SUSB-LCA (b) K-LCA (c) 시설물별 탄소배출량 평가 프로그램

(d) ECO-Pia (e) LOCAS (f) Carbon-Expert

그림 5.5 국내 건설구조물 LCA 프로그램

5) LOCAS

LOCAS(Lotte Carbon Assessment System)는 롯데건설기술연구원과 한양대학교 친환경건축연구센터에서 공동으로 개발된 전과정 CO_2 평가 프로그램으로서 공동주택, 사무소, 초고층 건축물을 평가대상으로 한다. 특히, 이는 Web 기반으로 건축물의 기획 및 설계에서 준공까지의 건설사업 전반에 걸쳐 건설사업 관련 주체들이 전과정 CO_2 배출량의 평가 및 관리가 가능하도록 구성되어 있으며, 평가시기 및 범위에 따라 간이평가, 상세평가, 현장평가로 구분된다.

6) Carbon-Expert

Carbon-Expert는 GS건설기술연구소와 한양대학교 친환경건축연구센터에서 공동으로 개발한 전과정 CO_2 평가 프로그램으로 건설구조물의 설계단계에서 물량산출내역서를 이용한 자동물량입력 방식의 개발을 통해 평가시간이 과거의 프로그램과 비교하여 매우 짧고 용이한 특징을 가지고 있다. 또한 친환경 건축기술을 적용한 대안 템플릿의 기능을 이용하여 설계 초기단계에서 친환경 건축기술의 적용에 따른 전과정 에너지 소비량 및 CO_2 배출량의 예측 및 최적의 절감기술 선정이 가능하다.

(2) 국외 건설구조물 전과정 평가기술 (그림 5.6)

1) GEM-21

GEM-21은 일본 시미즈 건설의 환경부하평가 프로그램으로서 건축구조물의 건설부터 해체, 폐기까지의 전과정 환경부하에 대해 종합적으로 산출 가능한 프로그램이다. 계획 초기단계부터 환경부하를 저감시키는 검토가 가능하며 단시간에 입출력할 수 있기 때문에 복수안의 검토가 가능하다. 간이입력 화면과 상세입력 화면으로 구성되어 있으며 단독주택, 공동주택, 사무소, 학교, 상점, 호텔, 복합건물 등을 대상으로 한다.[5-11]

2) Aurora

Aurora는 일본 다이세이 건설의 종합적 환경부하평가 프로그램인 Carbon Navigator (PAL-navi, ERR-navi, aurora, CarbonCalc, PAL-자동계산의 5개의 소프트웨어로 구성)의 일부로서, 에너지 소비량과 CO_2 배출량의 평가를 위해 개발되었다. 본 프로그램은 1996년에 Excel 워크시트 기반으로 개발된 에코시트를 발전시킨 버전으로, 각각의

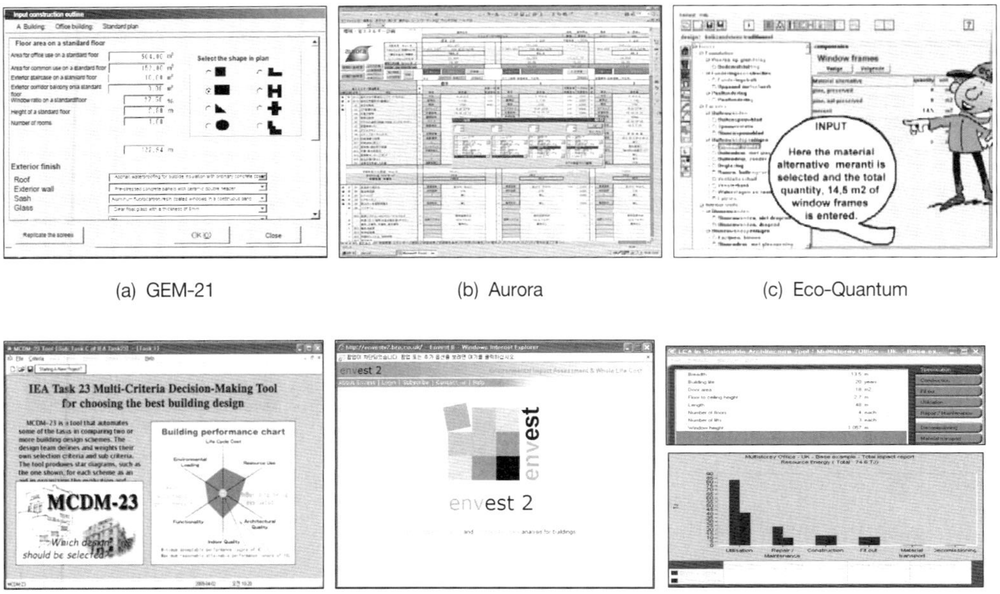

(a) GEM-21 (b) Aurora (c) Eco-Quantum

(d) LCA-MCDM (e) ENVEST2 (f) LISA

그림 5.6 국외 건설구조물 LCA 프로그램

친환경 건설기술에 대한 에너지 절감효과를 다이세이 건설의 실적을 통한 통계치를 활용하여 계산하는 형태로 구성되며, 구조물 개요 입력 및 친환경 건설기술의 적용에 따라 에너지 소비량 및 전과정 CO_2 배출량을 산출하게 된다.[5-11]

3) Eco-Quantum

Eco-Quantum은 암스테르담대학의 IVAM Environmental Research에서 개발되었으며, 건설구조물 전과정에 걸친 환경영향을 평가하는 어플리케이션 기반의 평가 프로그램이다. 본 프로그램은 에너지 소비에 따른 영향과 사용단계에서의 유지보수, 건설구조물 수명에 영향을 미치는 건설관련 부품의 내구성 차이 등을 다루고 있으며, 선택적 해체, 재생 및 재활용에 대한 고려도 포함하고 있다. Eco-Quantum은 정량적 자료로서 환경 프로필 데이터베이스 및 구성요소 데이터베이스의 광범위한 데이터베이스를 구성하고 있다. 환경 프로필은 환경영향에 따른 11개 LCA 점수로 구성되며, 환경영향에는 온실효과, 원자재 고갈 및 생태독성 등이 포함된다.[5-12]

4) LCA-MCDM

IEA(International Ergonomics Association)는 LCA-MCDM(Multi Criteria Decision

Making)이라는 종합설계평가 비교 프로그램을 SHC(solar heating cooling) Program Task 23 'Optimization of Solar Energy for Larger Building'의 리더인 미국의 Dr. Balcomb의 주도로 개발하였다. 주요 평가항목은 전과정 비용, 전과정 자원부하, 전과정 환경부하, 건축미학요소, 건축환경요소, 건축기능요소 등 6가지로 구성된다. LCA-MCDM은 제반 환경요인에 의한 영향을 수치적 또는 이미지로 통합 비교할 수 있는 도구이며, LCA MCDM 워크시트가 완성되면 이 값을 근거로 Star Diagram 형식으로 기준 건물에 대한 대안 건물의 LCA 통합성능의 결과를 확인할 수 있다.[5-12]

5) ENVEST2

ENVEST2는 영국 BRE에서 Web 기반으로 개발된 건축물 전과정 환경성능평가 프로그램으로 설계자들이 설계 초기단계에서 건축물의 LCA를 평가할 수 있도록 구성되어 있으며, 주요 평가대상은 사무소이다. 본 프로그램의 평가 및 결과는 환경영향의 평균 측정값을 통한 ENVEST의 고유 지표인 Eco-Point로 표현되며, 1 Eco Point는 일반적으로 1.38 m^3의 수자원을 사용하는 것과 같은 환경부하량을 나타낸다.

6) LISA

LISA(Lca In Sustainable Architecture)는 호주의 BHP 연구소에서 개발한 전과정 평가도구로서 건축가와 산업전문가의 친환경적인 설계 지원을 목적으로 한다. 이는 전과정 에너지와 CO_2, 수자원, NOx, SOx 등에 대한 환경부하량을 제공하며, 특히 건설 산업부분에서 전과정 주기 분석 및 환경영향평가 과정을 고려하고 각 재료별 LCI 데이터베이스를 이용하여 사용자의 LCA 관점의 능률적인 결정을 지원한다.

이상에서 설명한 국내외 건설구조물을 대상으로 하는 LCA 평가 프로그램의 비교분석내용을 표 5.2에 나타내었다.

표 5.2 국내외 건설구조물 LCA 평가 프로그램 비교 분석

프로그램	개발국	기관	개발연도	주요 특징
SUSB-LCA	한국	친환경건축 연구센터	2007	• 건축물의 LCE, $LCCO_2$, LCC 평가 • DB의 수정 보완이 용이 • 산업연관 분석에 근거한 CO_2 배출량 원단위 DB 활용
K-LCA	한국	한국건설 기술연구원	2004	• 산업연관분석법에 근거한 CO_2 배출량 원단위 DB 활용 • 에너지성능지표(EPI)를 이용한 운영단계 CO_2 배출량 평가
시설물별 탄소배출량 평가 프로그램	한국	국토해양부	2011	• 국가 LCI(Life Cycle Inventory) DB 기반 • CO_2, CH_4, N_2O, HFCs, SF_6 등의 6대 온실가스 배출량 고려
Eco-Pia	한국	삼성건설	2009	• 신재생 에너지 사용에 따른 CO_2 배출량 저감량 평가 가능 • 산업연관 분석에 근거한 CO_2 배출량 원단위 DB 활용
LOCAS	한국	롯데건설, 친환경건축 연구센터	2011	• Web 기반의 프로그램 • 간이평가, 상세평가, 현장평가 기능으로 단계별 평가 가능 • 건축물의 LCE, $LCCO_2$ 평가
Carbon-Expert	한국	GS건설, 친환경건축 연구센터	2011	• Web 기반의 프로그램 • 물량 자동입력 형태로 평가 용이 • 대안 템플릿을 이용한 개인평가 가능 • 건축물의 LCE, $LCCO_2$, LCC 평가
GEM-21P	일본	清水建設	2008	• 일본건축학회 CO_2 배출량 원단위 DB 활용 • 건물의 용도와 규모 데이터를 통한 CO_2 배출량 산출 • 간이 및 상세평가, 리모델링에 대한 CO_2 배출 평가 가능
Aurora	일본	大成建設	2009	• 산업연관분석법과 다이세이 건설의 자체 CO_2 배출량 DB 적용 • MS-EXCEL을 기반으로 한 TREE 구조방식

5.4 콘크리트 및 콘크리트 구조물 전과정 CO_2 평가 가이드라인

5.4.1 개요

본 절에서는 콘크리트와 콘크리트 구조물 전과정 평가 시 고려되는 다양한 환경 영향 요소 중 평가대상을 CO_2에 한정한 전과정 CO_2 평가기법에 대하여 기술하였다. 콘크리트 전과정 CO_2 평가는 그림 5.7과 같이 원자재 생산단계, 운송단계, 콘크리트 제조단계로 구분하여 단계별 평가방법을 기술하였으며. 콘크리트 구조물은 그림 5.8과 같이 건설단계, 운용단계, 해체 · 폐기단계로 구분하여 각 단계에서의 에너지 소비량 및 CO_2 배출량 평가방법을 제안하였다.

5.4.2 콘크리트 전과정 CO_2 평가

콘크리트의 전과정 CO_2 배출량은 콘크리트 구성자재의 생산 및 운송 시 배출되는 CO_2양과 콘크리트 제조단계에서의 CO_2 배출량의 합으로 산출할 수 있다. 이를 위하여 콘크리트 구성재료의 CO_2 원단위 DB의 구축이 우선되어야 하며 콘크리트의 배합설계와 각 재료의 조달업체와 레미콘 업체 간의 운송거리 및 운송장비의 정보가 요구된다. 또한 레미콘 업체의 콘크리트 제조설비의 제원 및 콘크리트 1 m^3 생산 시의 에너지 사용량에 대한 데이터가 필요하다. 식 (5.1)은 콘크리트의 전과정 CO_2 배출량 산출 식이다.[5-13]

$$CON'T_{CO_2} = \sum CO_2(i) \tag{5.1}$$

(i = M : 자재단계, T : 운송단계, F : 제조단계)

여기서, $CON'T_{CO_2}$는 단위 콘크리트를 생산할 때 배출되는 CO_2 배출량 [kg-CO_2/m^3], CO_2(i)는 단위 콘크리트를 생산할 때 (i)단계별 CO_2 배출량 [kg-CO_2/m^3] 이다.

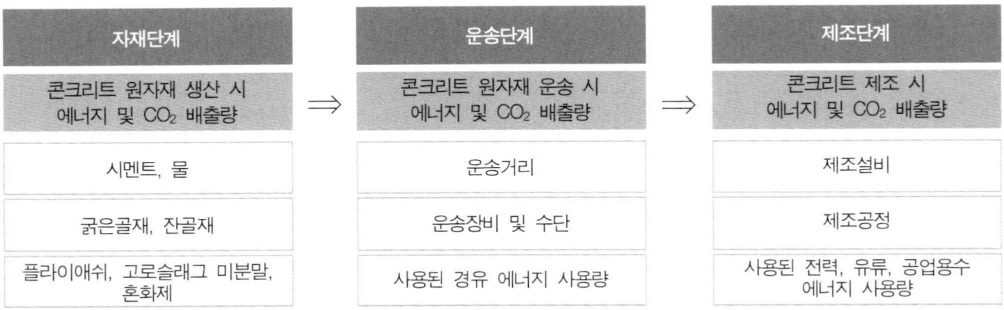

그림 5.7 콘크리트 전과정 평가 프로세스

(1) 자재 생산단계

콘크리트 생산에 따른 CO_2 배출량은 콘크리트 배합에 사용되는 각 구성재료를 생산할 때 배출되는 CO_2 원단위를 이용하여, 1 m^3당 콘크리트 생산에 포함되는 각 구성재료의 양(kg)과 원단위 곱의 누적으로 산정된다. 이렇게 산출된 콘크리트의 단위체적당(1 m^3) CO_2 배출량을 이용해 레미콘 생산업체의 총 콘크리트 생산에 따른 CO_2 배출량의 정량적 평가가 가능하다. 한편, 콘크리트를 구성하는 각 재료별 CO_2 배출량 원단위는 국가 LCI DB 등 신뢰 가능한 데이터를 활용하도록 한다. 콘크리트 1 m^3당 사용되는 구성재료의 생산에 따른 CO_2 배출량 산출 식은 식 (5.2)와 같다. 또한 표 5.4에 콘크리트 구성재료의 CO_2 배출량 원단위를 나타내었다.

$$CO_{2M} = \sum(M(i) \times CO_2\ \text{원단위}_M) \tag{5.2}$$

(i = 1 : 시멘트, 2 : 굵은골재, 3 : 잔골재, 4 : 혼화재료, 5 : 물)

여기서, CO_{2M}은 단위 콘크리트 생산에 따른 자재단계의 CO_2 배출량[kg-CO_2/m^3], M(i)은 콘크리트 1 m^3당 각 재료의 사용량[kg], CO_2 원단위$_M$는 각 재료의 CO_2 원단위[kg-CO_2/kg]이다.

표 5.4 콘크리트 구성재료의 CO_2 원단위

구성재료	CO_2 배출량 [kg-CO_2/ton]	
	국가 LCI DB	일본토목학회[5-14]
보통 포틀랜드 시멘트	931	–
굵은골재	4	–
잔골재	1.3	–
공업용수	0.102	–
고로슬래그 미분말	–	26.5
플라이애시	–	19.6
혼화제(PCE)	–	250

(2) 운송단계

일반적으로 콘크리트 자재 중 시멘트는 생산공장에서 생산된 시멘트를 전국철도망을 통해 수요처 인근 출하기지로 운송한다. 출하기지로 옮겨진 시멘트는 시멘트 벌크트럭을 이용해 레미콘 공장이나 건설현장에 운반되어 사용된다. 또한 공장이 해안에 위치해 있는 업체의 경우 철도운송 비율이 전체 시멘트 수송물량의 약 25 %를 차지하는 것으로 나타났으며, 내륙에 공장이 위치한 업체의 경우 철도운송 비율이 약 60 ~ 70 %까지 차지한다.

운송단계의 CO_2 배출량 평가를 위해서는 콘크리트 각 구성재료의 총 물량과 운송수단의 적재량으로 각 재료의 운송장비 대수를 산출하며, 이 산출된 운송장비 대수에 운송거리와 연비를 고려하여 운송단계의 CO_2 배출량을 평가한다. 운송단계에서의 CO_2 배출량 산출 식은 식 (5.3)과 같으며 표 5.5에 콘크리트 자재 운송수단별 적재량 및 연비를 나타내었다.

$$CO_{2T} = \sum (M(i)/L_t) \times (d/e) \times CO_2 \text{ 원단위}_T \tag{5.3}$$

(i = 1 : 시멘트, 2 : 굵은골재, 3 : 잔골재, 4 : 혼화재료)

여기서, CO_{2T}는 단위 콘크리트 생산에 따른 운송단계의 CO_2 배출량[kg-CO_2/m^3], M(i)은 콘크리트 1 m^3당 각 재료의 사용량[kg], L_t는 (i)재료별 운송장비의 적재량 [kg], d는 운송거리[km], e는 연비[km/L], CO_2 원단위$_T$는 운송장비의 에너지원별 CO_2 배출량 원단위[kg-CO_2/L]이다.

표 5.5 콘크리트 자재 운송수단의 종류 DB[5-7]

종류	운송수단 분류	적재량 [ton]	연비 [km/L]
육상운송	1 ton 트럭	1	11
	1.5 ton 트럭	1.5	9.6
	2.5 ton 트럭	2.5	9
	3.5 ton 트럭	3.5	8
	5 ton 트럭	5	7
	8 ton 트럭	8	6
	15 ton 트럭	15	6
	16 ton 트럭	16	5
	18 ton 트럭	18	5
	22 ton 트럭	22	4
	24 ton 트럭	24	3
	25.5 ton 트럭	25.5	3
	BCT(벌크트럭)	21.5	4
철도운송	시멘트 화물 열차	14	2.5

(3) 제조단계

콘크리트 제조단계의 CO_2 배출량은 콘크리트 1 m^3 생산 시 각 제조설비에서 사용되는 에너지 소비량을 산출하고 이를 CO_2로 환산하여 도출할 수 있다. 이를 위해 콘크리트 제조공정을 구분하고 각 단계에 따른 에너지 소비량의 도출이 우선시되어야 한다. 즉, 콘크리트의 제조공정은 각 자재업체로부터 조달된 자재들의 하역, 각 자재별 저장, 혼합기로의 운반, 혼합을 위한 계량, 혼합공정의 5단계로 구분될 수 있으며, 각 공정별로 전력과 유류 에너지가 사용되는 설비종류 및 설비제원을 조사한 후 해당되는 설비의 각 용량과 일간 사용된 배처플랜트의 전체 전력사용량과의 비율 분석을 통해 각 설비의 콘크리트 1 m^3를 제조할 때 에너지 소비량을 도출할 수 있다. 제조단계에서의 CO_2 배출량 산출 식은 식 (5.4)와 같으며 표 5.6에 국내 레미콘 생산업체의 표준적인 콘크리트 제조설비 및 부속시설 자료를 나타내었다.

$$CO_{2F} = \sum[(E_{(i)}/R) \times CO_2 \text{ 원단위}_F] \tag{5.4}$$

(i = 1 : 전력 사용량, 2 : 유류 사용량, 3 : 상수도 사용량)

표 5.6 콘크리트 제조설비 및 부속시설 DB

분류		제조설비 및 부속시설 종류			
자재하역	하역설비	수평 컨베이어벨트	중간스크린	경사 컨베이어벨트	셔틀벨트
	중장비	휠로더		중간스크린	
자재저장		시멘트 사이로	플라이애시 사이로	고로슬래그 사이로	
자재운반	골재	로터리피더	스크루 컨베이어벨트	계량기	수직버킷 엘리베이터
	시멘트	브루어 펌프	집진기	로터리피더	
	고로슬래그	브루어 펌프	집진기	로터리피더	
	플라이애시	브루어 펌프	집진기	로터리피더	
	기타 자재	혼화재 운송펌프	물 운송펌프	회수수 운송펌프	
자재혼합		콘크리트믹서			
기타설비		집진기	컴프레서	보일러	냉각칠러
부속시설	세륜장	펌프1	펌프2	펌프3	
	실험실	강도시험기	믹서	연마기	건조기
	회수수 설비	펌프	골재 스크린	모래 스크린	교반기
	식당 및 사무소	조명		콘센트	

여기서, CO_{2F}는 단위 콘크리트 제조단계의 CO_2 배출량[kg-CO_2/m^3], R은 연간 레미콘 생산량[m^3/year], E(i)는 연간 에너지원별 사용량[단위/year], CO_2 원단위$_F$는 각 에너지원별 CO_2 배출량 원단위[kg-CO_2/단위]이다.

또한 표 5.7은 국내 5개의 레미콘 공장을 대상으로 연간 레미콘 생산량과 연간 에너지 사용량(경유, 유류, 전력)을 조사하여 표준기(5월~10월)와 동절기(11월~4월)에 대한 콘크리트 1 m^3 생산을 위한 에너지 소비량에 대한 평균적인 데이터를 나타내었다.

표 5.7 레미콘 업체별 에너지 사용량 및 생산량

업체		레미콘 생산량 [m^3/year]	에너지원별 사용량			
			전력 [kwh/year]	경유 [L/year]	등유 [L/year]	상수도 [ton/year]
A	표준기	514,662	775,405	187,953	1,056	16,203
	동절기	404,297	783,534	130,132	15,526	17,195
B	표준기	430,271	739,440	30,809	3,726	16,203
	동절기	442,059	827,395	31,827	52,774	17,195
C	표준기	430,271	792,704	54,581	895	34,080
	동절기	442,059	946,350	53,561	10,700	26,650
D	표준기	158,792	436,505	38,179	694	34,080
	동절기	137,970	467,193	36,578	7,457	26,650
E	표준기	359,644	729,676	187,953	1,837	64,189
	동절기	321,316	774,282	66,068	24,703	62,016

5.4.3 콘크리트 구조물 전과정 CO_2 배출량 평가

(1) 개요

콘크리트 구조물의 전과정 CO_2 평가는 일반적으로 구조물의 생애주기에 따라 건설단계, 운영 · 유지관리단계, 해체 및 폐기단계 등으로 구분하여 평가한다. 식 (5.5)와 식 (5.6)은 구조물 전과정에 걸친 에너지 소비량 및 CO_2 배출량 산출 식이며, 그림 5.9에 구조물 전과정 CO_2 평가 범위를 나타내었다.[5-15]

$$LCE = \sum E_{ij} \tag{5.5}$$

$$LCCO_2 = \sum CO_{2ij} \tag{5.6}$$

여기서, LCE는 전과정 에너지 소비량[MJ/m^2], $LCCO_2$는 전과정 CO_2 배출량 [$kg\text{-}CO_2/m^2$], E_{ij}는 전과정 각 단계(i)의 자재별(j) 에너지 소비량[MJ/m^2], CO_{2ij}는 전과정 각 단계(i)의 자재별(j) 이산화탄소 배출량[$kg\text{-}CO_2/m^2$], I= 1 : 건설단계(1-1=자재 생산과정, 1-2=운송과정, 1-3=시공과정), 2 : 운영 · 유지관리단계(2-1=운영과정, 2-2=유지관리과정), 3 : 해체 · 폐기단계(3-1=해체과정, 3-2=운송과정, 3-3=중간처리과정, 3-4=폐기과정)이다.

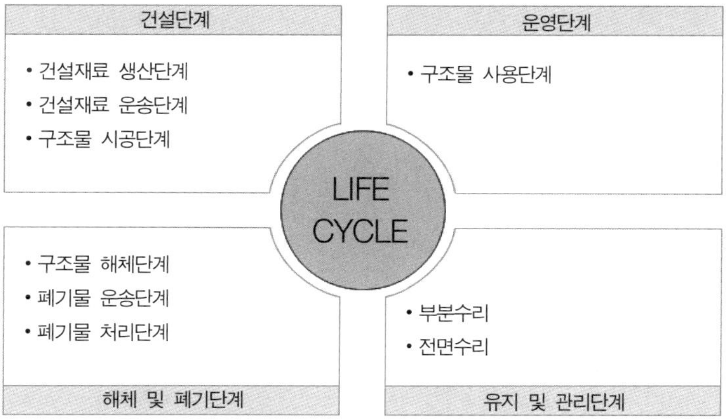

그림 5.8 콘크리트 구조물 전과정 환경부하평가 범위

(2) 건설단계

1) 자재생산과정

자재생산과정은 구조물을 구성하는 건설재료에 대한 생산부분으로 분석범위는 필요한 원료를 채취하는 단계부터 건설자재를 생산하는 시점까지를 평가하며 건설재료 사용량에 CO_2 배출량 원단위를 곱하여 산출한다. 이때 일반적으로 건축공사, 토목공사, 설비공사 등 공종으로 구분하여 CO_2 배출량을 분석하며, 각 자재의 CO_2 배출 원단위는 한국은행에서 작성하는 산업연관표를 사용한 산업연관 분석방식과 국가 LCI DB를 활용하는 방식 등이 있다. 식 (5.7)과 식 (5.8)은 콘크리트 구조물의 자재생산과정에 대한 에너지 소비량 및 CO_2 배출량 산출 식이다.[5-16]

$$E_{11} = \sum M_{ij} \times \text{원단위}_{j,E} \tag{5.7}$$

$$CO_{211} = \sum M_{ij} \times \text{원단위}_{j,CO_2} \tag{5.8}$$

여기서, E_{11}은 건설단계 자재생산과정의 에너지 소비량[MJ/m^2], CO_{211}은 건설단계 자재생산과정의 CO_2 배출량[kg-CO_2/m^2], M_{ij}는 공사종류(i)의 건설재료(j)의 사용량[단위/m^2], 원단위j, E는 건설재료(j)의 에너지 소비 원단위[MJ/단위], 원단위j, CO_2는 건설재료(j)의 CO_2 배출량 원단위[kg-CO_2/단위]이다.

2) 자재운송과정

자재운송과정은 구조물 시공 시 사용되는 자재를 자재저장 장소에서 건설현장까지 운반하는 데 소요되는 부분을 평가하는 단계로 일반적으로 화물자동차의 유류소비량으로 한정하여 산출한다. 식 (5.9)와 식 (5.10)은 콘크리트 구조물의 자재운송과정에 대한 에너지 소비량 및 CO_2 배출량 산출 식이다.

$$E_{12} = \sum M_{ij} \times 원단위_{j,E} \tag{5.9}$$

$$CO_{212} = \sum M_{ij} \times 원단위_{j,CO_2} \tag{5.10}$$

여기서, E_{12}는 건설단계 자재운송과정의 에너지 소비량(MJ/m^2), CO_{212}는 건설단계 자재운송과정의 CO_2 배출량(kg-CO_2/m^2), E_{ij}는 운송차량(i)의 에너지(j) 사용량(단위), 원단위j, E는 에너지원별(j)의 에너지 소비 원단위(MJ/단위), 원단위j, CO_2는 에너지원별 (j)의 CO_2 배출량 원단위(kg-CO_2/단위)이다.

3) 건설시공과정

건설시공과정은 콘크리트 구조물 시공부분을 다루는 단계로 현장까지 운반된 다양한 건설재료를 이용하여 최초 구조물의 착공에서부터 준공시점까지를 평가하며 구조물 시공을 하기 위해 소비되는 건설기계장비, 운반장비, 현장사무소 및 기타 시설물에 대한 유류 및 전기 사용량의 총합으로 산출한다. 식 (5.11)과 (5.12)는 콘크리트 구조물의 자재운송과정에 대한 에너지 소비량 및 CO_2 배출량 산출 식이다.

$$E_{13} = \sum M_{ij} \times 원단위_{j,E} \tag{5.11}$$

$$CO_{213} = \sum M_{ij} \times 원단위_{j,CO_2} \tag{5.12}$$

여기서, E_{13}은 건설단계 건설시공과정의 에너지 소비량[MJ/m^2], CO_{213}은 건설단계 건설시공과정의 CO_2 배출량[kg-CO_2/m^2], E_{ij}는 투입되는 건축 장비(i)의 에너지(j)의 사용량(단위), 원단위j, E는 에너지원별(j)의 에너지 소비원단위[MJ/단위], 원단위j, CO_2는 에너지원별(j)의 CO_2 배출량 원단위[kg-CO_2/단위]이다.

(3) 운영 및 유지관리단계

1) 운영과정

운영과정에서는 냉·난방, 조명, 조리 등 콘크리트 구조물의 수명 내에 소비되는 에너지 발생원을 전력에너지, 난방에너지, 가스에너지로 구분하여 평가한다. 즉, 난방에너지는 난방방식에 따라 지역난방, 중앙난방, 개별난방으로 구분되며 난방종류에 따라 LPG, 중유, 경유, 등유 등으로 구분되어 그 사용량을 수집하고, 이를 식 (5.13) 및 식 (5.14)와 같이 에너지원별 원단위와 곱함으로써 운영과정에서의 에너지 소비량 및 CO_2 배출량을 산출할 수 있다.

$$E_{21} = \sum E_{ij} \times Y \times 원단위_{j,E} \tag{5.13}$$

$$CO_{221} = \sum E_{ij} \times Y \times 원단위_{j,co_2} \tag{5.14}$$

여기서, E_{21}은 운영 및 유지관리단계 운영과정의 에너지 소비량[MJ/m^2], CO_{221}은 운영 및 유지관리단계의 CO_2 배출량[kg-CO_2/m^2], E_{ij}는 1년 동안 사용되는 에너지원별(i) 에너지(j)의 사용량(단위), Y는 콘크리트 구조물의 사용연수, 원단위j, E는 에너지원별(j)의 에너지 소비 원단위[MJ/단위], 원단위j, CO_2는 에너지원별(j)의 CO_2 배출량 원단위[kg-CO_2/단위]이다.

2) 유지관리과정

유지 및 관리과정은 콘크리트 구조물의 전과정 기간 동안 노후 및 열화에 의한 건설부재 및 부품의 수선, 보수공사에 추가적으로 사용된 자재 및 전력, 유류 등의 에너지 사용량을 평가한다. 식 (5.15)와 식 (5.16)은 콘크리트 구조물의 유지관리과정에 대한 에너지 소비량 및 CO_2 배출량 산출 식이다.

$$E_{22} = (\sum M_{ij} \times 원단위_{j,E}) + (\sum E_{ij} \times 원단위_{k,E}) \tag{5.15}$$

$$CO_{222} = (\sum M_{ij} \times 원단위_{j,CO_2}) + (\sum E_{ij} \times 원단위_{k,CO_2}) \tag{5.16}$$

여기서, E_{22}는 유지관리과정의 에너지 소비량[MJ/m^2], CO_{222}는 유지관리과정의 CO_2 배출량[kg-CO_2/m^2], M_{ij}는 구조물 사용연수 동안의 유지관리 공사종류(i)의 건설재료(j)의 사용량[단위/m^2], 원단위j, E는 건설재료(j)의 에너지 소비 원단위[MJ/단위], 원단위j, CO_2는 건설재료(j)의 CO_2 배출량 원단위[$kg-CO_2$/단위], E_{ij} 는 투입되는 유지관리장비(i)의 에너지(j)의 사용량(단위), 원단위k, E는 에너지원별(k)의 에너지 소비 원단위[MJ/단위], 원단위k, CO_2는 에너지원별(k)의 CO_2 배출량 원단위[$kg-CO_2$/단위]이다.

(4) 해체 및 폐기단계

1) 구조물 해체과정

구조물 해체과정은 수명이 다한 콘크리트 구조물을 해체하는 단계로 일반적으로 구조물의 규모 및 해체방식(대형기계식, 발파식)에 따른 해체장비의 유류 소비량을 이용하여 산출할 수 있다. 식 (5.17)과 식 (5.18)은 콘크리트 구조물의 해체과정에 대한 에너지 소비량 및 CO_2 배출량 산출 식이다.

$$E_{31} = \sum E_{ij} \times 원단위_{j,E} \quad (5.17)$$

$$CO_{231} = \sum E_{ij} \times 원단위_{j,CO_2} \quad (5.18)$$

여기서, E_{31}은 해체 및 폐기단계 구조물 해체과정의 에너지 소비량[MJ/m^2], CO_{231}은 해체 및 폐기단계 구조물 해체과정의 CO_2 배출량[$kg-CO_2/m^2$], E_{ij} 는 투입되는 해체장비별(i) 에너지(j)의 사용량(단위), 원단위j, E는 에너지원별(j)의 에너지 소비 원단위[MJ/단위], 원단위j, CO_2는 에너지원별(j)의 CO_2 배출량 원단위[$kg-CO_2$/단위]이다.

2) 폐기물 운송과정

폐기물 운송과정의 CO_2 배출량은 앞서 콘크리트 구조물 해체단계에서 발생한 폐기물을 매립지 또는 중간처리지로 운송하는 차량의 유류 소비량을 이용한 CO_2 배출량을 산출할 수 있다. 식 (5.19)와 식 (5.20)은 콘크리트 구조물의 폐기물 운송과정에 대한 에너지 소비량 및 CO_2 배출량 산출 식이다.

$$E_{32} = \sum E_{ij} \times 원단위_{j,E} \quad (5.19)$$

$$CO_{232} = \sum E_{ij} \times 원단위_{j,CO_2} \quad (5.20)$$

여기서, E_{32}는 폐기물 운송과정의 에너지 소비량[MJ/m^2], CO_{232}는 폐기물 운송과정의 CO_2 배출량[$kg-CO_2/m^2$], E_{ij} 는 폐기물 운송차량(i)의 에너지(j)의 사용량(단위), 원단위j, E는 에너지원별 (j)의 에너지소비 원단위[MJ/단위], 원단위j, CO_2는 에너지원별 (j)의 CO_2 배출량 원단위[kg-CO_2/단위]이다.

3) 폐기물 중간처리과정

폐기물 중간처리과정의 CO_2 배출량은 구조물 해체과정에서 발생한 폐자재의 파쇄 및 선별 작업 등의 중간처리과정에 투입되는 장비의 에너지 소비량을 통해 산출할 수 있으며, 주로 폐콘크리트를 이용한 순환골재의 생산부분이 가장 큰 비율을 차지한다. 식 (5.21)과 식 (5.22)는 폐기물 운송과정의 에너지 소비량 및 CO_2 배출량 산출 식이다.

$$E_{33} = \sum E_{ij} \times 원단위_{j,E} \tag{5.21}$$

$$CO_{233} = \sum E_{ij} \times 원단위_{j,CO_2} \tag{5.22}$$

여기서, E_{33}은 폐기물 중간처리과정의 에너지 소비량[MJ/m^2], CO_{233}은 폐기물 중간처리과정의 CO_2 배출량[kg-CO_2/m^2], E_{ij}는 폐기물 중간처리 장비(i)의 에너지(j)의 사용량(단위), 원단위j, E는 에너지원별(j)의 에너지 소비 원단위[MJ/단위], 원단위j, CO_2는 에너지원별(j)의 CO_2 배출량 원단위[kg-CO_2/단위]이다.

(5) 폐기물 매립과정

폐기물 매립과정은 해체과정에서 발생한 폐기물이 최종적으로 처리되는 단계이며, 일반적으로 매립작업을 할 경우 매립장비 사용에 대한 에너지 소비량을 이용하여 CO_2 배출량을 산출할 수 있다. 식 (5.23)과 식 (5.24)는 폐기물 운송과정의 에너지 소비량 및 CO_2 배출량 산출 식이다.

$$E_{34} = \sum E_{ij} \times 원단위_{j,E} \tag{5.23}$$

$$CO_{234} = \sum E_{ij} \times 원단위_{j,CO_2} \tag{5.24}$$

여기서, E_{34}는 폐기물 매립과정의 에너지 소비량[MJ/m^2], CO_{234}는 폐기물 매립과정의 CO_2 배출량[kg-CO_2/m^2], E_{ij}는 폐기물 매립장비(i)의 에너지(j)의 사용량(단위), 원단위 j, E는 에너지원별(j)의 에너지 소비 원단위[MJ/단위], 원단위 j, CO_2는 에너지원별(j)의 CO_2 배출량 원단위[kg-CO_2/단위]이다.

5.5 맺음말

본 장에서는 전과정 평가기법에 대한 국제 표준기준과 건설분야에서 활용되고 있는 국내외 전과정 평가기술을 정리 분석하고, 콘크리트 및 콘크리트 구조물에 대한 전과정 CO_2 평가기법을 소개하였다. 콘크리트 및 콘크리트 구조물에 대한 전과정 CO_2 평가를 위하여 콘크리트 전과정을 자재, 운송, 제조단계로 구분하여 각 단계별로 에너지 사용량과 CO_2 배출량에 대한 정량적인 평가가 가능하도록 하였으며, 콘크리트 구조물 또한 건설, 운영, 해체 · 폐기단계로 구분한 평가기법에 대하여 기술하였다.

본 장에서 제안된 콘크리트 및 콘크리트 구조물의 전과정 CO_2 평가기법을 이용하여 콘크리트 및 콘크리트 구조물의 전과정 CO_2 평가가 가능하며, 이러한 평가를 통한 각각의 CO_2 배출량 원단위를 구축하여 향후 콘크리트 및 콘크리트 구조물의 CO_2 배출량 예측 및 절감을 위한 자료로 활용될 수 있을 것으로 사료된다.

5.6 참고문헌

5-1 김태형 · 태성호, "콘크리트 생산에 의한 CO_2 배출량 평가 시스템 개발에 관한 연구", 한국콘크리트학회, Vol. 22, 2010, pp.787~796.

5-2 한국환경산업기술원, 국가 LCI 데이터베이스 정보망, http://www.edp.or.kr.

5-3 김상용, 환경 전과정 평가, 시그마프레스, 1998.

5-4 G. Finnveden, M. Z. Hauschild, T. Ekvall, J. Guinee, R. Heijungs, S. Hellweg, et al. "Recent developments in life cycle assessment", Journal of Environmental Management, 91, 2009, pp.1~21.

5-5 M. Finkbeiner, A. Inaba, R. Tan, K. Christiansen, H. J. Kluppel, "The new international standards for life cycle assessment : ISO 14040 and ISO

14044", The international journal of life cycle assessment, Vol. 11, 2006, pp.80~85.

5-6 건설교통부, 건축물의 LCA를 위한 원단위 작성 및 프로그램 개발 연구, 2004.

5-7 김태형 · 박정훈 · 태성호, "콘크리트 전과정 CO_2 배출량 및 경제성 평가 시스템(SUSB-CLAS)개발", 대한건축학회, Vol. 27, 2011, pp.131~138.

5-8 정영선 · 최경석 · 강재식 · 이승언, "건축물의 환경부하평가를 위한 LCA 프로그램 개발에 관한 연구", 대한건축학회, Vol. 24, 2008, pp.259~266.

5-9 국토해양부, 시설물별 탄소배출량 산정 가이드라인, 2011.

5-10 이강희 · 류승훈 · 이은택 · 정미홍, "공동주택 라이프사이클 이산화탄소 산정 프로그램(ECO-pia) 개발에 관한 연구", 한국전과정평가학회지, Vol. 11, 2010, pp.49~58.

5-11 백정훈 · 태성호 · 노승준 · 이주호 · 신성우, "건축물 계획단계 $LCCO_2$ 평가시스템의 필요요소에 관한 연구", 한국건설관리학회, Vol. 12, 2011, pp.31~41.

5-12 P. Bruno, P. Katrien, Inter-comparison and benchmarking of LCA-based environmental assessment and design tools, PRESCO European Thematic Network, WP2 Final Report, 2005.

5-13 Junghoon Park, Sungho Tae, Taehyung Kim, "Life cycle CO_2 assessment of concrete by compressive strength on construction site in Korea", Renewable & Sustainable Energy Reviews, Vol. 16, 2012, pp.2940~2946.

5-14 日本土木學會, コンクリト構造物の 環境性能照査指針(試案), 2005, pp.48~52.

5-15 태성호 · 우지환 · 노승준 · 신성우, "공동주택의 생애주기 이산화탄소($LCCO_2$) 간이 평가 기법에 관한 연구", 대한건축학회, Vol. 26, 2010, pp.37~44.

5-16 S. W. Shin, S. H. Tae, J. H. Woo, S. J. Roh, "The development of environmental load evaluation system of a standard korean apartment house", Renewable & Sustainable Energy Reviews. Vol. 15, 2011, pp.1239~1249.

6장

전과정 목록 데이터 구축

6.1 개요

건설 분야에서 건축자재의 생산과 건축물의 시공 및 사용 중에 발생하는 환경부하를 줄이기 위해서는 개별 건축제품의 생산에 따른 환경영향의 발생 정도를 파악하는 것이 필수적이다. 이러한 환경부하 발생 정도를 데이터베이스화한 것이 바로 전과정 목록 데이터(life-cycle inventory database, LCI DB)이다.[6-1] 즉, LCI DB란 제품의 생산에 필요한 원자재의 채취, 가공, 수송, 사용 및 폐기에 이르는 생애주기 동안 제품의 시스템으로 투입되는 자원 및 에너지의 양과 시스템에서 환경으로 배출되는 폐기물의 발생량을 목록화한 데이터베이스를 말한다. LCI DB는 국제규격인 ISO 14040 시리즈의 전과정 평가 표준을 활용하여 구축되며, 이 데이터는 제품의 생산 및 사용에 따른 자원 소모, 지구온난화, 산성화, 부영양화 등의 환경영향을 검토하는 데 활용된다. 그리하여 LCI DB의 정보를 활용하여 대상 제품에 투입되는 재료나 부품의 환경영향 특성 평가와 함께 공정별 환경성능을 개선하기 위한 노력을 수행할 수 있게 된다.

6.2 데이터 구축 절차 및 사례

6.2.1 LCI DB 구축 절차

국가 LCI 데이터베이스를 구축하는 절차는 ISO 14044 : 2006에 따라 그림 6.1과 같이 진행된다. 먼저 참여업체를 선정하고 데이터의 정밀도를 향상하기 위하여 참

그림 6.1 국가 LCI DB 구축 절차[6-2]

여업체 담당자의 LCA 기초교육이 실시된다. 데이터베이스의 대표성을 확보하기 위해서는 참여업체들의 총누적 시장점유율이 50% 이상 되어야 하며 업체 간 기밀 유지를 위하여 최소 2개 이상의 참여업체 선정을 원칙으로 한다. 또한 구축되는 데이터베이스가 기술적 대표성을 지닐 경우, 해당 기술을 사용하는 업체를 선정하여 현장데이터를 수집하게 된다.

다음으로 각 업체별 제품 생산공정을 조사한 후, 공정의 유사성 및 업체의 데이터 관리 수준 등을 고려하여 조사 업체 모두에 적용될 수 있는 공통적인 단위공정과 공정 흐름도를 결정하고, 각 단위공정별 투입물과 산출물을 규명한다. 데이터 수집이 완료되면 물질 수지 또는 에너지 수지를 기준으로 데이터를 검증한다. 그리고 데이터 계산을 수행하게 되는데 계산과정에는 단위공정 내 데이터 계산, 단위공정 간 데이터 계산, 기능단위에 의한 환산, 참여업체별 계산된 출구에서 출구(gate to gate) 데이터의 통합 등이 포함된다. 이러한 과정을 통하여 한 제품에 대한 LCI DB 모듈이 구축되면 전과정 평가 전문가 등을 대상으로 하여 민감도 분석 및 정밀 검토를 수행하고 지적사항을 반영하여 데이터베이스로서의 신뢰도를 확보하게 된다.

6.2.2 LCI DB 구축 사례 - 콘크리트 말뚝

(1) 일반정보

콘크리트 말뚝은 원심력을 응용하여 압축강도 5 N/mm^3(800 kg/cm^2) 이상을 갖도록 제조한 원기둥 모양의 고강도 콘크리트 말뚝을 말한다. 일반적으로 사용되고 있는 PHC 말뚝의 규격은 KS F 4306에 의해 규정되어 있다(그림 6.2). 국가 데이터베이스의 대표성을 확보하기 위해 데이터베이스 작성에 참여하는 기업들은 국가 전체에서 생산되는 해당 제품의 일정 비율 이상을 생산하고 있거나 논리적으로 그 대표성이 인정될 수 있도록 선정되어야 한다. 콘크리트 말뚝의 경우 대표성을 확보하기 위하여 국내 콘크리트 말뚝 생산량의 대부분을 차지하고 있는 8개 기업이 참여하여 데이터를 제공하였다.

그림 6.2 콘크리트 말뚝

(2) LCI 데이터베이스 구축

1) 범위 정의

① 기능 및 기능단위, 기준흐름 : 콘크리트 말뚝은 매우 다양하게 사용되고 있으므로 기능을 세분화하여 정하기는 어렵다. 또한 기능단위 역시 콘크리트 말뚝의 크기나 길이가 건축물의 크기나 특성에 따라 다양하게 사용되므로, 기준사용량 1 kg 생산으로 설정하였다. 설정한 주요 기능 및 기능단위, 기준흐름은 다음 표 6.1과 같다.

표 6.1 기능 및 기능단위, 기준흐름

구분 / 제품	점토 벽돌
기능	토목자재 및 건축자재로 사용되는 콘크리트 말뚝
기능단위	콘크리트 말뚝 1kg 생산
기준흐름	콘크리트 말뚝 1kg

② 시스템 경계 : 시스템 경계는 사용 및 폐기 · 재활용 단계를 제외한, 원료의 채취로부터 콘크리트 말뚝의 제조단계까지를 포함하는 요람에서 출구(cradle to gate)로 정의하였다. 시스템 경계 내에 포함된 모든 투입물과 산출물을 포함하였으며, 별도의 cut-off 기준을 적용하지 않았다. 콘크리트 말뚝의 데이터베이스 구축 시스템에 포함된 공정들을 요약하면 그림 6.3으로 나타낼 수 있으며, 각 공정에 대한 설명은 다음과 같다.

- 형틀 조립 : 콘크리트를 부어 넣기 위한 형틀에 철근을 미리 배치하여 말뚝의 형태를 갖추고 형틀을 조립하여 이후 공정을 준비하는 과정

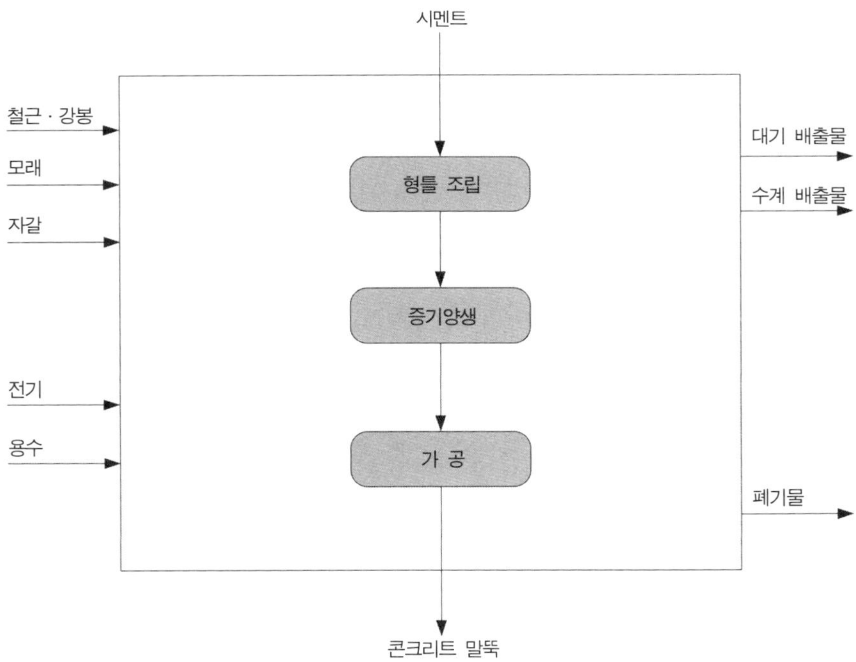

그림 6.3 콘크리트 말뚝 – 공정 흐름도

- 증기양생 : 완성된 콘크리트 말뚝의 형틀에 콘크리트를 부어 넣고 고온 고압의 증기를 쬐며 양생하되, 말뚝 양끝에 인력을 가하며 양생하는 과정
- 가공 : 양생이 완료된 콘크리트 말뚝을 형틀에서 분리하고 말뚝의 표면을 매끄럽게 처리하며 제품 생산번호를 프린트하는 등, 제품의 판매를 위한 최종 마무리 과정

③ 데이터 범주 : 콘크리트 말뚝의 LCI DB 구축에 포함되는 데이터의 범주는 표 6.2와 같이 투입물과 산출물로 크게 구분하는데, 투입물은 원료, 에너지, 보조물질을 포함하고 산출물은 제품, 부산물, 대기 배출물, 수계 배출물 및 폐기물을 포함한다.

④ 데이터 품질요건 : 콘크리트 말뚝의 LCI DB 구축에 필요한 데이터의 품질요건은 표 6.3과 같다.

⑤ 가정 및 제한사항 :

- 콘크리트 말뚝은 그 규격에 따라 세부 제품군이 매우 다양하여 각 제품군별로 데이터를 습득하는 것이 현실적으로 불가능하므로, "콘크리트 말뚝(PHC말뚝)"에 해당하는 모든 제품들을 통합하여 관련 데이터를 수집하였다.
- 이산화탄소를 제외한 대기 배출물의 양은 참여 기업에서 측정한 내부 자료를 사용하였으며, 이산화탄소는 IPCC 배출계수를 사용하여 참여 기업에서 산출한 데이터를 사용하였다.

표 6.2 데이터 범주

구 분		물질명
투입물	원료물질	철근, 콘크리트(시멘트+물)
	에너지	전기, 스팀, 경유
	보조물질	윤활유, 방청유
산출물	제품	콘크리트 말뚝
	부산물	-
	대기 배출물	CO_2, CO, SOx, NOx
	수계 배출물	폐수
	폐기물	산업폐기물

표 6.3 데이터 품질요건

구분	상 · 하위 흐름 단계	수송단계	제조단계
시간적 범위	최근 10년 이내 데이터	최근 10년 이내 데이터	2006년 1년간
지역적 범위	전 세계	전 세계	대한민국`
기술적 범위	현재 사용되는 기술	일반적인 수송기술	현재 사용하는 제조기술

2) 전과정 목록 분석

① 데이터 수집 준비 : 데이터는 설문지의 형태로 참여업체 담당자가 작성하는 형태로 수집하였다. 콘크리트 말뚝의 생산관련 데이터는 각 공정별 데이터를 별도로 수집하지 않고 "콘크리트 말뚝 생산공정"의 하나로 취합하였다.

② 데이터 수집 : 데이터 수집은 크게 현장데이터 수집과 문헌데이터 수집으로 나눌 수 있다. 문헌데이터 수집에는 국가 LCI 데이터뿐만 아니라 외국 데이터베이스와 같은 공개된 일반데이터들이 포함된다. 데이터 수집은 참여기업의 현장데이터를 우선 적용하는 원칙에 따라 설문서를 통하여 참여기업의 현장데이터를 수집하였으며, 데이터 수집이 어려운 원료와 유틸리티, 외부 공정설비 등에 대해서는 참여기업의 동의하에 문헌데이터를 적용하는 것을 원칙으로 하였다. 생산 이전의 upstream 데이터에 대해서는 기존의 국가 LCI DB(지식경제부 및 환경부), 외국 DB 등을 연결하여 사용하였다(표 6.4).

표 6.4 데이터 출처

구분	물질명	상위흐름 연결 여부	DB 출처
원료물질	시멘트	○	지식경제부, 2000
	철근	○	국토해양부, 2006
에너지	전기	○	지식경제부, 2000
	스팀	○	환경부, 2003
	경유	○	환경부, 2003
보조물질	윤활유	○	GaBi SW, 1996
	방청유	×	datagap
수송	철도수송	○	지식경제부, 2000
	23.1~25 ton 트럭	○	환경부, 2003

③ 데이터 검증 및 계산 : 수집한 데이터에 대하여 물수지(water balance)를 포함한 물질수지(material balance)를 확인한 결과, 97.2% (output/input 비율)의 물질수지율을 보여 완전성이 있는 데이터임을 확인하였다.

④ 할당 : 할당 없음

(3) LCI 데이터베이스 활용

콘크리트 말뚝 데이터베이스는 제품의 다양성을 고려하여 기준무게 1kg을 단위로 하여 작성된 데이터베이스이므로, 콘크리트 말뚝에 포함되는 다양한 제품에 적용하고자 할 경우, 그 제품의 무게(kg) 또는 단위 길이당 무게(kg/m)를 우선적으로 파악하여 적용해야 한다.

6.3 국내 LCI 데이터 구축 현황

국내에는 1990년대에 도입된 LCA 방법론을 통해 다양한 산업 및 기관, 학계 등에서 구축한 LCI DB가 상당수 존재하나 데이터베이스 간의 방법론적 측면이나 데이터 품질 측면의 차이로 호환되기 어려운 실정이다. 반면 국가 데이터베이스는 한 산업군 및 제품군 전체의 평균 데이터를 반영하는 것으로, 수치로서의 대표성을 지니게 된다.

국가 LCI D/B 관련 제·개정 및 관리 등 전반의 작업은 지식경제부(구 산업자원부)와 환경부에서 담당하고 있다. 지식경제부와 환경부는 산업군을 분류하여 LCI D/B 대상 제품을 선정하고 제정작업을 진행하고 있다. 기본적으로 지식경제부는 에너지, 합성수지, 제조공정, 전기·전자 소재 등의 산업중심으로 D/B를 구축하여 왔으며, 환경부는 국가 인프라와 기초소재 분야로 접근하였다.

지식경제부와 환경부는 2011년 현재 한국환경산업기술원에서 관리하는 국가 LCI 데이터베이스 정보망을 통하여 물질 및 부품제조, 가공공정, 수송 및 폐기단계에 대한 총 358개 모듈의 환경성정보를 제공하고 있다(표 6.5). 각 전과정단계별 데이터 범주 분야를 세부적으로 살펴보면, 물질 및 부품제조단계에서 건축자재(23), 고무(8), 금속(47), 기초부품(31), 기초화학물질(79), 수자원(11), 에너지(9), 펄프 종이(8), 플라스틱(33), 기타(11) 260개 LCI 모듈을 제공하고 있다. 그리고 가공공정 단계에서 금속가공(12), 플라스틱가공(23), 수송단계에서 육상수송(19), 항공수송(1), 해상수송(15)로 총 70개 LCI 모듈을 제공하고 있으며, 폐기단계에서는 매립(2), 소각(10), 재활용(15), 기타(1)로 총 28개 LCI 모듈을 제공하고 있다.

또한 국토해양부에서는 2005년부터 2008년까지 3년 동안 건축분야를 대상으로 한 환경성정보 국가 DB 구축 사업을 진행하여 건축제품 및 시공관련 66개 LCI 모듈을 개발하였다. 이 사업은 정부의 정책 목표인 저탄소 녹색성장의 기반이 되는 건축자재의 환경성정보의 구축과 이를 활용하기 위한 시스템을 마련하는 것을 목표로 진행되었다. 그리하여 개발된 LCI DB를 건축자재 환경성정보 네트워크 웹사이트를 통해 공개하여 건축분야 설계자, 시공자, 소비자 및 생산자가 자유롭게 이용하고 건축 행위의 친환경성을 정량적으로 판단할 수 있도록 하였다.

그밖에도 농촌진흥청에서는 식품의 안전성 확보 및 환경성정보 제공을 위해 기초 농산물에 대한 국가 LCI DB 구축 사업을 2009년부터 진행하고 있으며, 약 30여 개의 농작물 및 농자재에 대한 LCI DB를 구축한 상태이다. 또한 식품의약품안전청 연구사업단은 2010년부터 '기후변화대응 식품안전관리 연구'를 통해 주요 식품에 대한 LCI DB 구축 기반을 마련하고 2010년부터 2014년까지 5개년 동안 단계적으로 주요 식품산업의 제품별 전과정 물질목록(LCI) 구축을 목표로 하고 있다.

현재 주요 정부기관에서 구축한 LCI DB는 총 422개 모듈이며, 이 중 87개는 건축자재 및 시공과 관련된 모듈이다.

6.4 국외 LCI 데이터 구축 현황

국외에서는 화학, 자동차, 전자, 반도체 산업을 중심으로 학계 및 국가 차원에서 활발한 LCA 수행과 LCI DB 구축이 진행되고 있다. 2010년 기준으로 LCI DB 모듈 개발 실적은 유럽연합이 약 2600여 개, 일본 476개, 미국 355개 정도이다. 해외에서 LCI DB를 활용하기 위한 소프트웨어로는 TEAM, GaBi, Sima Pro, LCAiT 등이 있으며, 건축자재와 관련하여 SimaPro와 GaBi 프로그램이 건축관련 LCI D/B를 가장 많이 사용하는 것으로 알려져 있다. 또한 국제기구인 UNEP(국제연합환경계획) 및 SETAC(환경독성화학회)의 지원 하에 생애주기전략(Life Cycle Initiative)을 결성하고 전과정 평가기법 등의 개발 및 개발도상국의 자질개발(capacity building) 등을 지원하는 프로그램을 수행하고 있다(표 6.6).

표 6.5 국가 LCI DB 건축관련 범주별 모듈 수

범주	모듈	출처	범주	모듈	출처
건축용 형강	4	국토해양부	콘크리트제품	1	국토해양부
이형철근	2	국토해양부	합판	1	국토해양부
모래 및 자갈	6	국토해양부	석고보드	1	지식경제부
재생골재	2	국토해양부	아스팔트 싱글	1	국토해양부
시멘트	6	환경부, 지식경제부	유리	3	국토해양부, 환경부
레미콘	4	지식경제부	유리면	4	국토해양부, 지식경제부
콘크리트 말뚝	1	국토해양부	소음방지재	2	국토해양부
벽돌	2	국토해양부	우레탄 판	1	국토해양부
석재	1	국토해양부	발포폴리스티렌 판	1	국토해양부
인조석재	1	국토해양부	암면 단열재	2	국토해양부
거푸집	2	국토해양부	방수재	2	국토해양부
레미콘 수송	4	국토해양부	도료	8	환경부
시공	7	국토해양부	문	3	국토해양부
기계화 시공	4	국토해양부	창호재	1	국토해양부
마감재	9	국토해양부	폴리염화비닐관	1	국토해양부

이러한 LCI DB를 활용하는 소프트웨어는 TEAM, GaBi, Sima Pro, LCAiT 등이 있다. 건축자재와 관련해서는 SimaPro와 GaBi 프로그램이 건축관련 LCI DB를 가장 많이 구성하고 있는 것으로 알려져 있다. SimaPro(system for integrated environmental assessment of products)는 네덜란드 PRe 컨설팅사에서 개발한 소프트웨어로 2011년 현재 Ver. 7.2까지 개발되어 있다. 이 프로그램은 ISO 규격에 따른 LCA 단계별 수행항목이 배열되어 있어, 해당 항목별로 내용을 기입하여 LCA를 수행하도록 되어 있다.

GaBi(ganzliche bilanzierung)는 독일의 IKP와 PE Europe GmbH Leinfelden-Echterdington사가 공동으로 개발한 프로그램으로 2010년 현재 Ver. 4까지 개발되어 있다. GaBi 프로그램은 사용자가 많은 양의 데이터 처리와 제품의 전과정 모델링을 용이하게 수행하도록 도와주며, LCC 기능이 추가되어 다양한 환경관리 프로그램으로도 활용될 수 있다.

표 6.6 LCI DB 구축을 위한 국가별 활동수준 비교[6-3]

참여 주체	Africa	APEC	Europe	Americas	Global
국가 주도 또는 다정부 및 다국적 단체 주도1)	-	호주, 일본, 한국, 타이완, 싱가포르	덴마크, 스웨덴, 스위스	캐나다, 미국	-
전문 자문기관 및 연구기관 주도2)	-	-	덴마크, 네덜란드, 노르웨이, 스웨덴, 스위스, 독일, 이탈리아	미국	Boustead, TEAM, GaBi, SimaPro
산업체 주도3)	-	ISSF	-	ISSF4), APC5)	IISI6), Nickel
학술단체 주도7)	이집트, 남아프리카 모리셔스	중국, 인도, 인도네시아, 말레이시아, 태국, 베트남	-	브라질, 칠레, 콜롬비아, 멕시코	-

6.4.1 유럽

유럽은 1980년대 이후 정부와 학계를 비롯하여 산업부문에서 다양한 분야에 대하여 세분화되고 지역특성을 반영한 LCI DB 개발을 선도해오고 있다. 특히 독일, 스웨덴 및 스위스는 가장 긴 개발역사를 가지고 있으며 방대한 LCI DB를 축적해 왔다. 이 나라들의 현재 주요 관심사는 각 LCI DB 간 비교가능성 및 호환성을 개선하는 일이다.

독일은 2001년부터 LCI DB 구축을 위한 전문가 네트워크를 형성하기 시작하여 정부의 협조 하에 지속적인 LCI DB 업데이트를 실시해 왔으며, 학문적인 LCA 연구와 산업계에서 실질적인 요구 사이의 간격을 좁히는 것을 목표로 하고 있다. 스웨덴은 1996년에 스웨덴 국립 LCA 센터인 CPM(Center for Environmental Assessment

---

1) Multi-organizational and/or National or Multi-government : LCI 데이터베이스가 국가적 대표성을 지니고 공식적으로 접근이 가능한 경우, 일반적으로 정부차원의 재정적 지원을 받으면서 몇몇의 기관의 공동협력 하에 개발됨.
2) Consultants and Research Institutes : 연구기관이나 전문 컨설팅 단체에서 개발하여 공개한 LCI 데이터베이스로서 일반 사용자는 DB 사용 수수료를 납부하게 됨.
3) Industry : 특정 산업부분의 후원으로 개발된 LCI DB로 일부 집단에게만 공개되거나 정보의 접근에 수수료를 부과하게 됨.
4) International Stainless steel Forum
5) American Plastics Council
6) International Iron and Steel Institute
7) Academic, consultants etc. : 학술단체 수준에서 개발된 LCI DB로서 정보가 일부 저널이나 출판물을 통해 한시적으로 공개되는 경우.

of Product and Material System)을 설립하여 1998년에 SIPNE@CPM이라는 LCI DB를 구축하였다. SIPNE@CPM은 공개 데이터베이스로서 인터넷을 통하여 자유롭게 접근이 가능하며 정보의 내용은 이해하기 쉽고 투명하게 작성되어 있다. 스위스의 LCA 관련 활동들은 1990년대부터 집중적으로 활발히 전개되었고, 특히 에너지 시스템, 원료 공급, 수송 및 폐기관리 시스템에 걸친 매우 광범위한 분야에 대하여 체계적인 LCI DB를 구축하였다. 2000년도에 ETH 연구소와 Swiss Federal Office의 협업하에 개발된 EcoInvent LCI DB가 가장 대표적이다.

그 밖의 유럽 국가들에서 운영 중인 LCA 관련 단체들(SETAC-Europe, LCANET, CHAINET 등) 사이에서 정보교류가 활발히 일어나고 있으며, 서로 다른 단체에서 개발된 LCI 모듈을 교환할 수 있는 방법을 모색하고 있다. 그리하여 SPOLD(Society for the Promotion of Lifecycle Development)에서는 ISO/TC 14048 보고 원칙에 근거하여 유럽에서 가장 빈번하게 쓰이는 LCA 프로그램에서 개발된 전과정 목록 간 호환이 가능할 수 있도록 데이터 포맷을 개발하였다. 유럽에서 주로 쓰이는 LCA 프로그램으로는 CMLCA, GaBi, KCL-eco, SimaPro, TEAM 및 Umberto가 있다. 유럽 위원회(European Commission, EC)에서는 LCA 기법을 제품의 환경영향을 평가하기 위해 현존하는 모든 툴 중 최우선적인 방법이라 결론을 내리고, 유럽 LCI 모듈의 정확도를 향상시키고 데이터 값의 정확도를 향상시키고자 유럽 내에서 운영되고 있는 각종 LCI DB 간의 원활한 교류를 가능케 할 수 있는 기반인 European Platform of Life Cycle Assessment를 개발 중에 있다.

6.4.2 아시아

아시아 태평양 지역에서 LCA 관련 활동은 일본을 선두로 각종 국제 학술활동 및 교류 등을 통하여 2000년대 이후로 활발해지는 양상을 보인다. APEC 소속 국가들의 국제적인 포럼을 통하여 국제적인 수준의 협력을 촉구하고 선진국은 개발도상국에게 LCA 기법을 전수하여 아시아의 지역적 특성에 적합한 통합적인 LCI DB를 구축하고자 하였다. 일본은 우선 JEMAI(Japan Environmental Management Association for Industry)를 설립하고 한국을 비롯한 호주와 태국, 싱가포르 인도네시아, 말레이시아 등지의 동남아 국가들과의 협력관계를 구축하여 에너지와 기초재료 분야의 공동적인 LCI DB를 개발하였다. 또한 일본은 자국의 산업 실정에 맞는 LCI DB를 LCA 목록 분석 방법론 중의 하나인 산업연관 분석기법을 활용한 국가 DB를 구축하였다.

호주에서는 호주 LCA학회(australian LCA society, ALCAS)가 선두에 서서 학계, 전문컨설팅협회 및 산업관련 종사자들의 밀접한 협력관계 하에 각종 플라스틱제품, 유리제품, 알루미늄제품, 보드류, 가공목류를 비롯한 전력 및 열에너지 분야와 다양한 수송수단에 대한 LCI DB를 구축하였다. 그리고 호주 CSIRO(commonwealth scientific and research organization) 기구의 주관으로 국가 LCI DB를 위한 데이터 수집 프로토콜을 개발 중에 있다.

그 밖의 아시아 지역 중에서 중국은 학계에서 LCA 관련 연구를 주도해 오고 있는데 주력 개발분야는 폐기물 재활용 및 에너지 시스템과 관련된 환경성 평가이다. 반면, 타이완에서는 정부와 산업기술연구센터(industrial technology research institute, ITRI)의 주도로 LCA 연구를 약 10년 이상 진행해 오고 있으며, 자국민을 위한 "Do-It-Pro"라는 자체 LCA 프로그램을 개발하였다. 그 밖에도 싱가포르, 베트남 등지에서도 제품의 환경영향평가의 중요성을 인식하고 자국 실정에 맞는 LCI DB 구축 및 LCA 프로그램 개발을 진행 중이다.

6.4.3 미국과 캐나다

미국에서는 여러 대학과 연구단체에서 수행된 LCI 개별 모듈을 기반으로 하는 데이터베이스가 구축되었다. 2001년 미국 에너지성(US department of energy, DoE)과 GSA(general services administration)의 주도로 그동안 각종 정부기관, 컨설팅 단체 및 산업관련 기구들에서 필요와 목적에 따라 개별적으로 개발되어 오던 데이터베이스를 통합하는 일이 있었다. 국가 재생에너지연구실(national renewable energy laboratory, NREL)에서 개발된 LCI DB를 공개하였으며 웹페이지를 통하여 정보를 다운로드할 수 있도록 하였다.

캐나다는 이미 10여 년 전에 원자재 분야의 LCI DB를 구축하여 웹페이지를 통하여 무료로 공개하였으나 2004년 이후로는 접속이 불가능한 상태이다. 이 데이터베이스는 산업체에서 수집한 원자재의 요람에서 출구(cradle-to-gate) 정보를 기초로 구축되었으며, 분야는 플라스틱, 강철, 알루미늄, 유리, 종이류 및 가공목재류이다.

6.4.4 해외 LCI DB 활용방안

해외 LCI DB 구축의 주체는 국가 주도 또는 다정부 및 다국적 단체의 주도, 전문 자문기관 및 연구기관의 주도, 산업체 주도, 학술단체 주도로 크게 4가지로 구분될 수 있다. 지역별로 구분하여 각 나라별 LCI DB 구축 참여주체를 살펴보면 표 6.7과 같다.

아시아 태평양 지역에서는 국가가 주도하여 환경성정보를 구축하거나 일부 학술단체에서 산업활동의 환경영향을 인식하고 제품의 LCI DB 구축을 위한 연구 등을 자체적으로 시작하는 경향을 보인다. 유럽 지역은 북유럽 국가를 중심으로 정부 및 전문연구기관에 의한 LCI DB 구축이 활발히 이루어지고 있는 반면에, 미국과 캐나다는 국가와 전문연구기관의 주도로 LCI DB 구축이 후발적으로 이루어지기 시작하였지만 DB의 활용이 일반적인 단계에까지 이르지는 못한 상태이다. 그리고 산업체에서는 ISSF(international stainless steel forum), APC(american plastics council), IISI(international iron and steel institute) 등 국제적인 기업의 주도로 DB 구축이 진행되고 있다.

다음의 표 6.7~표 6.9에는 앞서 설명한 국가, 기업 및 기타 전문연구단체 또는 학술단체 수준에서 개발된 해외 LCI DB의 종류와 개발분야, 지역적 범위 및 개발된 모듈 수를 정리하여 나타내었다.

표 6.7 국가 LCI DB 현황[6–4]

LCI DB 명칭	웹사이트	접근여부	데이터 포커스	지역적 범위	모듈 수
Australian Life Cycle Inventory Data Project	http://www.cfd.rmit.edu.au/programs/life_cycle_assessment/life_cycle_inventory	Free	-	Australia	>100
BUWAL 250	http://www.umwelt-schweiz.ch/buwal/eng/	Fee or included with SimaPro	Packaging materials	Switzerland	-
Canadian Raw Materials Database	http://crmd.uwaterloo.ca/	Free	Raw materials	Canada	>10
DuboCalc	http://www.rws.nl/rws/bwd/home/www/cgi-bin/index.cgi?site=1&doc=1785	Upon request	Construction materials	Netherlands	>100
Dutch Input Output	www.pre.nl	Licence fee	Input-output	Netherlands	>100
ecoinvent	www.ecoinvent.ch	Licence fee	-	Global/ Europe/ Switzerland	>1,000
EDIP	www.lca-center.dk	Licence fee	-	Denmark	>100
Franklin US LCI	www.pre.nl	Available with SimaPro	-	U.S.A	>10
German Network on Life Cycle Inventory Data	www.lci-network.de	On-going	-	Germany	-
ITRI Database	http://www.itri.org.tw	-	-	-	-
IVAM LCA Data	www.ivam.uva.nl	Licence fee	Construction, food, waste, etc.	Netherlands	>1,000
National LCA Project	http://www.jemai.or.jp/lcaforum/index.cfm (inJapanese) http://www.jemai.or.jp/english/lca/project.cfm	Fee	-	Japan	>600
Korean LCI	http://www.edp.or.kr/lcidb/main/main.asp	On-going	-	-	-
LCA Food	www.lcafood.dk	Free	Food products	Denmark	-
SPINE@CPM	www.globalspine.com	Fee	-	Global	>100
Swiss Agricultural Life Cycle Assessment Database (SALCA)	www.reckenholz.ch/doc/en/forsch/control/bilanz/bilanz.html	Free with contact	Agriculture	Switzerland	>100
Thailand LCI Database Project	www.mtec.or.th	-	-	-	-
US LCI Database Project	www.nrel.gov/lci	Free with contact	-	US	73

표 6.8 기업 LCI DB 현황[6-4]

LCI DB 명칭	웹사이트	접근여부	데이터 포커스	지역적 범위
American Iron and Steel Institute (AISI)	-	-	Iron and steel	America
American Plastics Council (APC)	-	-	Polymers	America
EDP-Norway	www.epd-norge.no	Free	Norwegianbusiness (several sectors)	Norway and Europe
European Aluminium Association (EAA)	www.aluminium.org	Free	Aluminium	Europe
European Copper Institute (ECI)	www.copper-life-cycle.org	Free with contact	Copper	Europe
European Federation of Corrugated Board Manufacturers (FEFCO)	www.fefco.org	Free	Corrugated Board	Europe
Groupement Ondulé, European Association of Makers of Corrugated Base Papers (GEO)	www.fefco.org	Free	Corrugated Board	Europe
European Containerboard Organization (ECO)	www.fefco.org	Free	Corrugated Board	Europe
International Iron and Steel Institute (IISI)	www.worldsteel.org	Free with contact	Steel	Global
ISSF International Stainless steel Forum (ISSF)	www.worldstainless.org/	Free with contact	Stainless steel	Global
KCL (EcoData)	http://www.kcl.fi/eco	Fee	Pulp and paper	Finnish/Nordic
Nickel Institute	http://www.nickelinstitute.org/index.cfm/ci_id/114.htm	Free with contact	Nickel	Global
PlasticsEurope (formerly APME)	www.plasticseurope.org	Free	Plastics	Europe
Volvo EPDs	http://www.volvo.com/group/global/en-gb/Volvo+Group/ourvalues/environmentalcare/products/products.htm	Free	Trucks and busses	Europe

표 6.9 기타 LCI DB 출처[6-4]

DB 개발처	기관 유형	담당자	이메일/웹사이트	모듈 수
Group of Pollution Prevention (GP2), Chemical Engineering Department, University of Sao Paulo	Academia	Gil Anderi da Silva	ganderis@usp.br	Brazil
Østfold Research Foundation	Research Institute	Cecilia Askham Nyland	cecilia@sto.no www.sto.no	Norway andEurope
SINTEF Byggforsk (The Norwegian Building Research Institute)	Research Institute	Sverre Fossdal	Sverre.fossdal@byggforsk.no http://www.byggforsk.no/default.aspx?spraak=en	Norway

6.5 맺음말

본 장에서는 제품이나 물질의 환경부하를 데이터베이스화한 목록인 LCI DB의 구축 절차와 국내외 데이터베이스 구축 현황에 대하여 살펴보았다. LCI DB란 제품의 생산에 필요한 원자재의 채취, 가공, 수송, 사용 및 폐기에 이르는 생애주기 동안 제품의 시스템으로 투입되는 자원 및 에너지의 양과 시스템에서 환경으로 배출되는 폐기물의 발생량을 목록화한 데이터베이스를 말한다. LCI DB는 국제규격인 ISO 14040 시리즈의 전과정 평가 표준을 활용하여 구축되며, 이 데이터는 제품의 생산 및 사용에 따른 자원소모, 지구온난화, 산성화, 부영양화 등의 환경영향을 검토하는 데 활용된다. 각종 원료와 재료가 복잡한 공정을 거쳐 최종 건설제품으로 생산되기 때문에 제품의 환경영향평가 결과의 신뢰도를 향상시키기 위해서는 가능한 다수의 기초소재와 물질의 LCI DB를 확보하는 것이 필수적이다.

국외에서는 화학, 자동차, 전자, 반도체 산업을 중심으로 학계 및 국가 차원에서 활발한 LCA 수행과 LCI DB 구축이 진행되고 있다. 2010년을 기준으로 LCI DB 모듈 개발 실적은 유럽연합이 약 2,600여 개, 일본 476개, 미국 355개 정도이다. 그리고 국내에서는 지식경제부와 환경부를 중심으로 2012년 현재 한국환경산업기술원에서 관리하는 국가 LCI 데이터베이스 정보망을 통하여 물질 및 부품제조, 가공공정, 수송 및 폐기단계에 대한 총 358개 모듈의 환경성정보를 제공하고 있다. 또한 국토해양부에서는 2005년부터 2008년까지 3년 동안 건축분야를 대상으로 한 환경성정보 국가 DB 구축 사업을 진행하여 건축제품 및 시공관련 66개 LCI 모듈을 개발하였다. 국내 3개 정부기관에서 개발한 LCI DB 중 현재 건축시공 및 자재분야에서 활용 가능한 모듈 수는 87개이며, 각 데이터 모듈은 LCA 기법에 의해 수행되었고 제품별 참여업체들의 총누적 시장점유율이 50% 이상으로 데이터베이스로서의 대표성을 확보하고 있다.

건설분야에서 건축자재의 생산 및 사용에 따른 에너지 사용을 줄이고, 이로 인한 환경부하를 줄이기 위해서는 LCI DB를 통하여 환경영향의 발생 정도를 파악하는 것이 필요하다. 그러나 국내에서 개발된 87개 모듈로 건축물에 투입되는 각종 건축제품을 모두 검토하기는 어려우며, 개별 건축자재의 환경성정보를 통한 건축물 전체의 환경부하를 사전에 제어하기 위한 근거자료로서 활용되기에는 불충분하다. 이러한 문제들로 인하여 국내 LCI DB만을 활용하여 건축자재의 잠재적인 환경영향을 사전에 평가하거나, 환경부하가 집중되는 공정에 대한 분석을 수행하여 건축제품의 적용성 개선을 통한 건축물 전체의 환경영향 저감방안을 도출하기는 어렵다.

따라서 LCI DB를 건축자재 또는 건축물의 LCA를 실시하고 환경영향 발생 정도를 파악할 때 국내 LCI DB를 우선적으로 활용하도록 하며, 국내에 활용가능한 환경성정보 모듈이 존재하지 않을 경우 해외 LCI DB를 활용하도록 한다. 이는 국내와 해외의 산업 실정이 다르므로 LCA 평가 결과의 정밀도를 높이기 위하여 가급적 해외 LCI DB는 차선책으로 활용하는 것이 효과적이라고 판단되기 때문이다. 만약 원하는 물질의 환경성정보가 국내외 DB에 존재하지 않을 경우, LCA에서 그 물질에 대한 평가를 제외시켜 data gap으로 남겨두거나 그 물질에 대한 개별적인 LCA를 실시하여 연구목적에 부합하는 신규 LCI DB를 개발할 수 있다.

기후변화에 대응하기 위한 국제적인 노력이 시도되는 가운데 한국은 '저탄소 녹색성장'을 경제비전으로 제시하면서 전 사회적으로 기후변화에 대응하는 문화를 확산시키고 있다. 건설분야에서도 환경영향이 적은 건축제품에 대한 환경성정보를 구축하고 유해물질 및 온실가스 배출 정보의 체계적인 관리를 통하여 친환경 건축자재 공급의 기반을 마련하고자 하는 움직임이 대두되고 있다. 이를 위하여 LCI DB는 다양한 목적의 LCA에 이용될 수 있는 기초적인 데이터로서 저탄소 자재를 선택하기 위해서 비슷한 용도 및 목적으로 사용되는 자재들 간의 성능과 환경영향 등을 비교할 수 있는 객관적인 판단 근거로 활용될 수 있을 것이다. 더 나아가 사용자에게 건축제품의 환경영향에 관련된 정확한 정보를 제공하고 환경영향 저감을 위하여 자발적으로 동참할 수 있도록 유도하며 환경 친화적인 건설자재 및 재료를 개발하기 위한 기준으로 활용이 가능할 것이다.

6.6 참고문헌

6-1 환경부, "LCI 데이터베이스 표준지침서", 2003. 5.

6-2 한국건설기술연구원, 건축자재 환경성정보 국가 DB 구축 사업 최종보고서, 2008.

6-3 한국건설기술연구원, 초고층 마감재 LCI DB 개발 보고서, 국토해양부, 2011.

6-4 SETAC/UNEP Life Cycle Initiatives 내용 정리, 2011.

부 록

부록 A 콘크리트 전과정 CO_2 평가 사례

A.1 일반사항

본 장에서는 "5장 전과정 평가"에서 기술한 콘크리트의 전과정 CO_2 배출량 평가 기법에 근거한 CO_2 배출량 평가 사례 분석을 소개하였다. 콘크리트의 전과정 CO_2 평가는 자재, 운송, 제조단계에 대한 CO_2 배출량을 산출함과 동시에 콘크리트를 호칭강도별, 혼화재 혼입률별로 구분하여 전과정 CO_2 평가를 실시하였다.

A.2 평가방법

본 사례평가에서는 실제 레미콘 업체에서 하절기(5월)에 생산된 콘크리트에 대한 단위체적(m^3)당 배출하는 CO_2 배출량을 평가하였다. 콘크리트의 종류는 레미콘 업체에서 연간 생산량이 가장 많은 24 MPa 보통콘크리트로 선정하였으며, 배합설계는 표 A.1과 같다. 또한 평가대상 콘크리트에 혼입된 고로슬래그 혼입률(약 10%)보다 고로슬래그와 플라이애쉬의 혼입률을 향상시킨 경우에 대한 콘크리트 CO_2 배출량을 평가하고, 이를 평가대상 콘크리트의 CO_2 배출량과 비교 분석하였다.[A-1]

A.3 평가결과

A.3.1 자재단계

"5장 전과정 평가"에서 기술한 콘크리트의 전과정 CO_2 배출량 평가기법에 근거하여 레미콘 생산업체의 24 MPa 보통콘크리트 배합 1 m^3당 사용된 자재생산에 의한 CO_2 배출량을 평가하였다. 그 결과 시멘트의 생산과정에서 배출되는 CO_2 배출량은 283.02 kg-CO_2/m^3로 자재단계에서 배출되는 CO_2양의 약 90%를 차지하는 것으로 나타났다. 그림 A.1은에 레미콘 생산업체의 단위 콘크리트 생산에 따른 자재생산단계에서의 CO_2 배출량을 나타낸 것이다.

표 A.1 콘크리트 배합설계 (압축강도 24 MPa)

W/C (%)	S/a (%)	단위용적질량 (kg/m^3)					
		W	C	S	G	GGBS	AD
50	47	137	304	917	902	45	2

A.3.2 운송단계

운송단계에서는 레미콘 생산업체의 보통콘크리트 1 m^3의 배합재료들을 운송할 때 배출하는 CO_2 배출량을 평가하였다. 시멘트는 담양, 굵은골재와 잔골재는 경기도 광주와 인천, 혼화재료는 평택에서 레미콘 업체(서울)까지 운송되는 거리를 산출하여 평가하였으며, 배합재료 중 혼합수는 레미콘 생산업체 내의 상수도를 통해 조달함에 따라 운송단계의 평가에서 제외하였다. 그 결과 운송단계에서 가장 원거리에서 조달되는 시멘트의 운송 시 CO_2 배출량이 5.75 kg-CO_2/m^3로서 운송단계에서 차지하는 비율이 57 %를 차지하는 것으로 나타났다. 그림 A.2는 레미콘 생산업체의 단위 콘크리트 생산에 따른 배합재료 운송단계에서의 CO_2 배출량을 나타낸 것이다.

A.3.3 제조단계

레미콘 생산업체의 24 MPa 콘크리트 1 m^3를 제조할 때 배출되는 CO_2 배출량은 각 공정별 사용된 제조설비의 에너지 소비량을 분석하여 평가하였다. 그 결과 전력에너지의 CO_2 배출량은 각 공정별 제조설비에서 사용된 에너지 사용량에 대한 CO_2 배출량 0.71 kg-CO_2/m^3로 도출되었으며, 유류에너지 CO_2 배출량의 경우 레미콘 생산업체의 전년도 콘크리트 생산량과 유류사용량 분석결과인 0.01 kg-CO_2/m^3를 적용하였다. 레미콘 생산업체의 단위 콘크리트 제조단계에서의 CO_2 배출량은 그림 A.3과 같다.

또한 평가대상 레미콘 생산업체에서 콘크리트를 생산할 때 배출되는 CO_2 배출량 산출결과는 표 A.2와 같다. 자재단계의 CO_2 배출량은 303.47 kg-CO_2/m^3로 전체 배출량의 약 96.6 %를 차지하는 것으로 분석되었고, 운송단계의 CO_2 배출량은 10.9 kg-CO_2/m^3로 전체 배출량의 약 3.2 %를 차지하는 것으로 분석되었다. 또한 제조단계의 CO_2 배출량은 0.7 kg-CO_2/m^3로 전체 배출량의 약 0.2 %를 차지하는 것으로 분석되었다. 평가 레미콘 생산업체에서 콘크리트를 생산할 때 단위 m^3당 CO_2 배출량

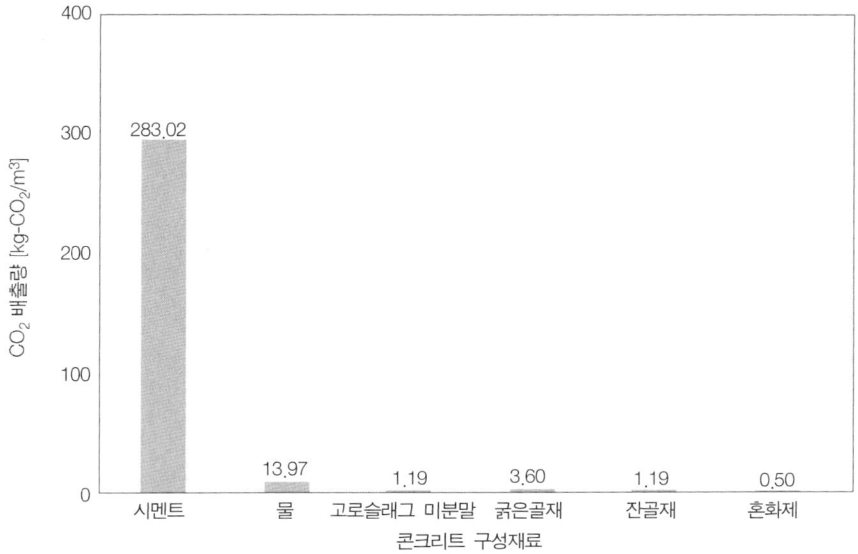

그림 A.1 자재단계 CO_2 배출량

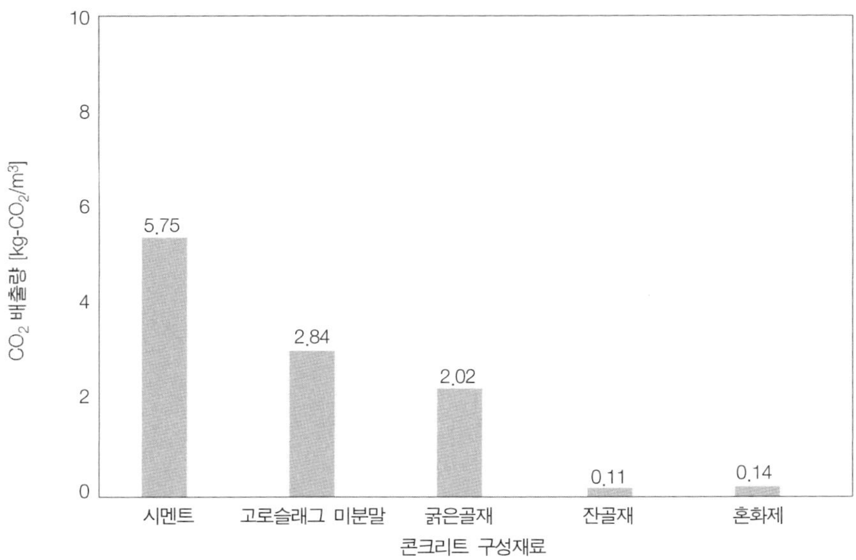

그림 A.2 운송단계 CO_2 배출량

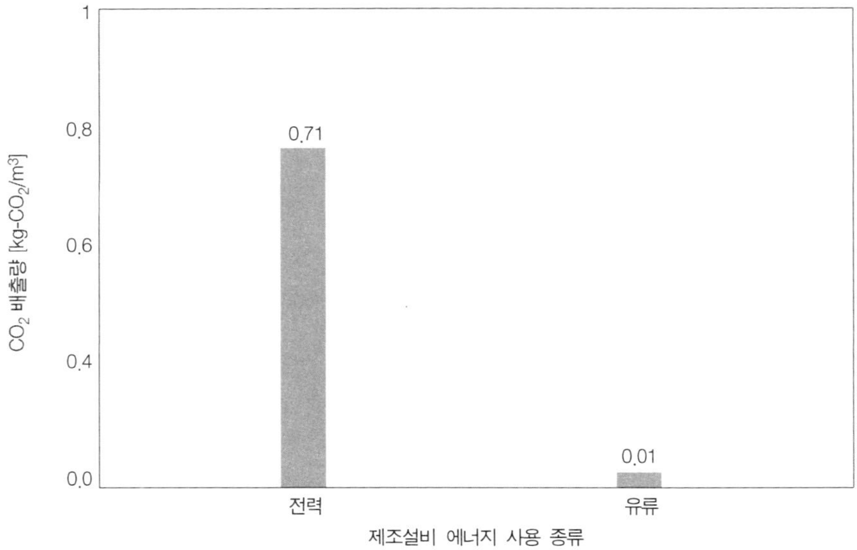

그림 A.3 제조단계 CO_2 배출량

표 A.2 콘크리트 전과정 CO_2 배출량 평가결과

구성재료 \ 단계	CO_2 배출량 (kg-CO_2/m^3)			
	자재단계	운송단계	제조단계	합계
보통시멘트	283.02	5.75	-	288.77
굵은골재	3.60	2.84	-	6.44
잔골재	1.19	2.02	-	3.21
고로슬래그 미분말	1.19	0.11	-	1.30
AE 감수제	0.50	0.14	-	0.64
혼합수	13.97	-	-	13.97
전력	-	-	0.71	0.71
유류	-	-	0.01	0.01
합계	303.47	10.86	0.72	315.05

은 344.32 kg-CO_2/m^3로 평가되었다.

한편, 그림 A.4는 국가 LCI DB[A-2], 일본토목학회(317위원회)의 단위 콘크리트(m^3)당 CO_2 배출량과 본 사례평가를 통해서 산출된 단위 콘크리트(m^3)의 CO_2 배출량 평가결과를 나타낸다. 그림 A.4에 의하면 평가대상 레미콘 업체의 CO_2 배출량은 국가 LCI DB보다는 다소 낮은 결과를 얻었으며, 일본토목학회[A-3]의 콘크리트 CO_2 배출량 원단위 230.7 kg-CO_2/m^3보다 높은 결과가 도출되었다. 한편, 그림 A.5는 평가대상 콘크리트에 고로슬래그 미분말 및 플라이애쉬를 최대 40 %까지 치환한 경우의 CO_2 배출량의 결과이다. 그림 A.5에 의하면 고로슬래그 미분말과 플라이애쉬의 치환율이 증가할수록 CO_2 배출량이 감소하는 경향을 나타냈다. 이러한 경향은 플라이애쉬를 치환한 경우가 고로슬래그 미분말을 치환한 경우보다 다소 높은 경향을 나타냈는데, 이것은 플라이애쉬 CO_2 배출량 원단위가 고로슬래그의 CO_2 배출량 원단위와 비교하여 다소 작은 결과에 기인한 것으로 사료된다.

또한 콘크리트의 압축강도를 18 MPa부터 35 MPa까지로 구분하고 각 강도별 콘크리트 배합설계를 다량 입수하여 콘크리트 전과정 CO_2 평가를 실시하였다. 콘크리트 강도별 평균 전과정 CO_2 배출량은 강도가 증가함에 따라 선형적으로 증가하는 경향을 나타냈으며 그 결과는 그림 A.6과 같다. 이는 시멘트의 증가율과 매우 유사

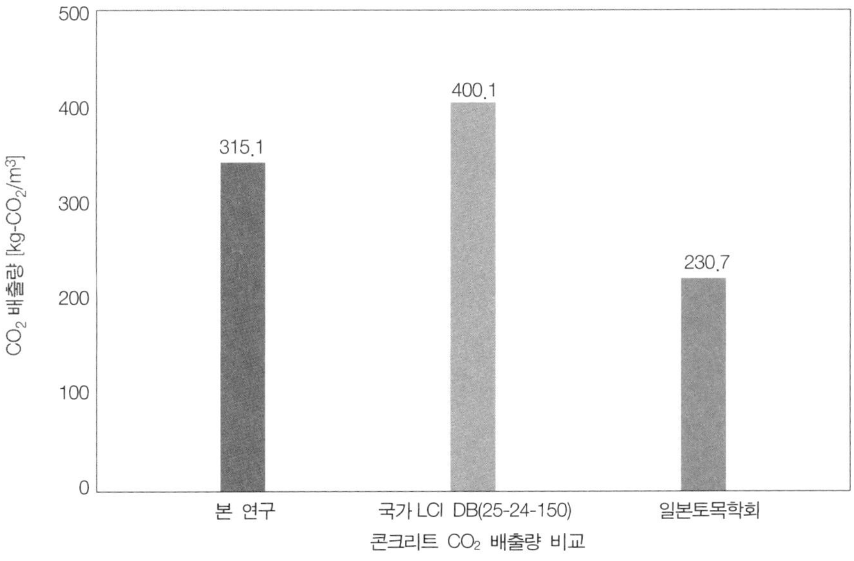

그림 A.4 콘크리트 전과정 CO_2 배출량 비교

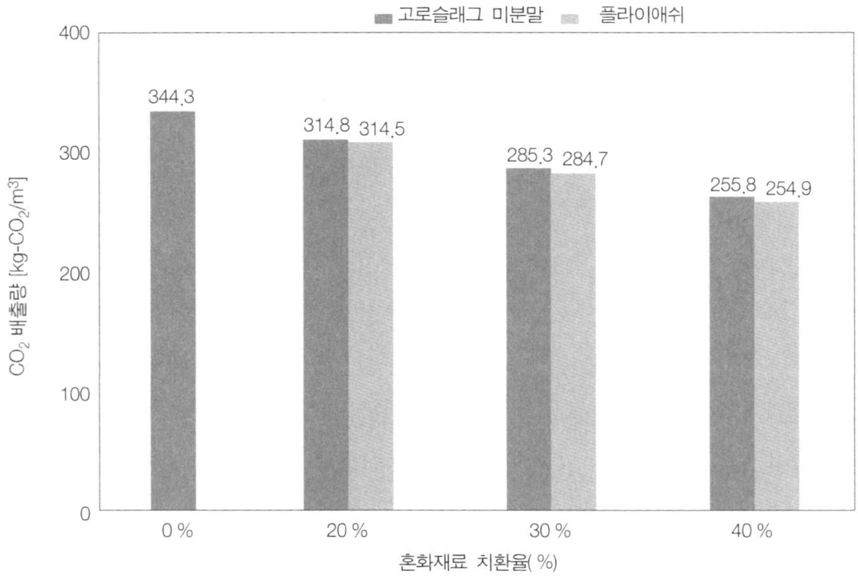

그림 A.5 혼화재 혼입률에 따른 CO_2 배출량 평가 비교

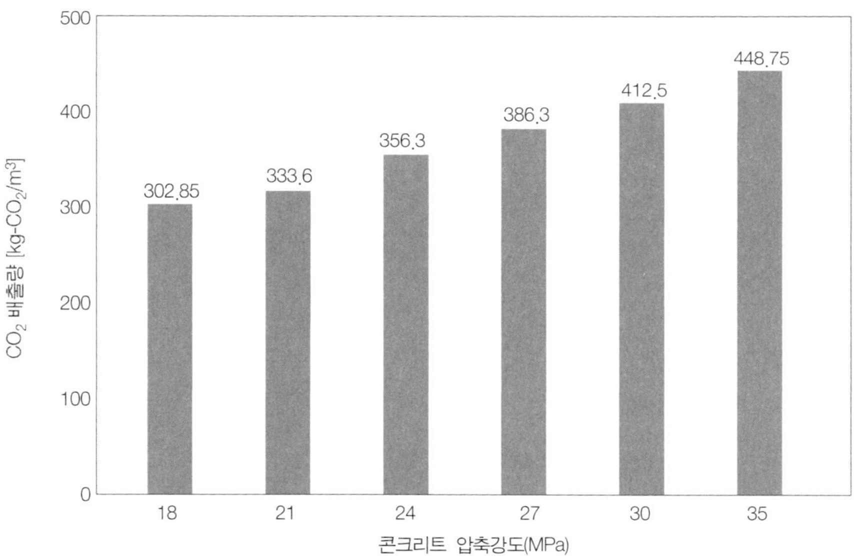

그림 A.6 콘크리트 압축강도별 CO_2 배출량 비교

한 거동을 보였으며 이를 통해 콘크리트의 압축강도, 시멘트의 사용량, 그리고 CO_2 배출량은 서로 밀접한 상관성이 있음을 알 수 있었다. 즉, 콘크리트 압축강도 18 MPa에서 302.85 kg-CO_2/m^3에 불과하던 CO_2 배출량이 35 MPa에 이르러서는 448.75 kg-CO_2/m^3까지 증가하는 것으로 평가되었다.[A-4]

콘크리트 배합설계를 콘크리트의 제조시기에 따라 표준기와 동절기로 구분한 후 절기에 따른 CO_2 배출량의 변화에 대하여 평가하였다. 그림 A.7을 통해 표준기와 동절기의 CO_2 배출량의 차이를 뚜렷하게 알 수 있다. 강도가 증가함에 따라 CO_2 배출량이 증가함은 물론이고 모든 강도에서 표준기와 동절기의 차이가 거의 균일하게 나타났다. 즉, 콘크리트 압축강도가 18 MPa에서 35 MPa에 이르기까지 CO_2 배출량은 거의 일정하게 4 ~ 6 % 만큼 동절기의 CO_2 배출량이 표준기에 비해 높게 평가되었다. 동절기에 생산되는 콘크리트의 경우 낮은 기온하에서의 콘크리트 양생을 고려하여 혼화재의 시멘트 대체비율을 절감하고 콘크리트 제조과정에서도 하절기에 비교하여 에너지 사용량이 증가되었기 때문으로 사료된다.

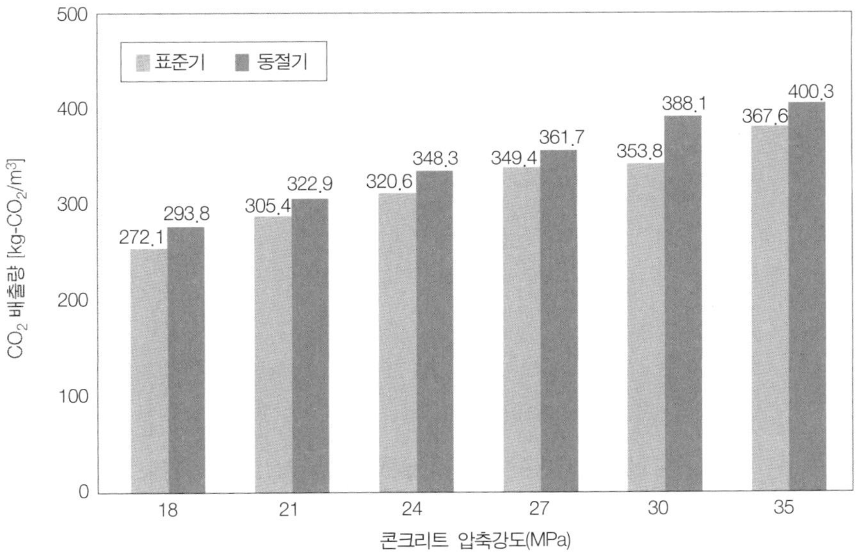

그림 A.7 절기별 콘크리트 전과정 평가

A.4 맺음말

본 부록에서는 콘크리트의 전과정 CO_2 배출량 평가기법에 근거한 평가 사례를 분석하였다. 콘크리트의 전과정 CO_2 평가는 자재, 운송, 제조단계에 CO_2 배출량을 산출함과 동시에 콘크리트를 호칭강도별, 혼화재 혼입률별로 구분하여 전과정 CO_2 평가를 실시하였다. 전과정 평가결과 콘크리트 강도가 증가함에 따라 선형적으로 CO_2 배출량이 증가하였고, 이는 시멘트의 증가율과 매우 유사한 거동을 보였으며 이를 통해 콘크리트의 압축강도, 시멘트의 사용량, 그리고 CO_2 배출량은 서로 밀접한 상관성이 있음을 알 수 있다. 또한 모든 콘크리트 강도에서 동절기 배합설계의 CO_2 배출량이 표준기 배합설계에 비교하여 높은 결과를 나타냈다.

A.5 참고문헌

A-1. 김태형 · 태성호, "콘크리트 생산에 의한 CO_2 배출량 평가 시스템 개발에 관한 연구", 한국콘크리트학회논문집, 22권 6호, 2010, pp.787~796.

A-2. 한국환경산업기술원, 국가 LCI 데이터베이스 정보망, http://www.edp.or.kr.

A-3. 日本土木學會(2005), コンクリト構造物の 環境性能照査指針(試案), pp.48~52.

A-4. Junghoon Park, Sungho Tae, Taehyung Kim, "Life-cycle CO_2 assessment of concrete by compressive strength on construction site in Korea", Renewable & Sustainable Energy Reviews, Vol.16, No. 5, 2012, pp.2940~2946

부록 B 콘크리트 구조물 전과정 CO_2 평가 사례

B.1 일반사항

건축생산 활동은 지금까지의 단편적이고 반환경적인 개발정책을 지양하고, 콘크리트 구조물의 설계, 시공, 운영, 해체 등 구조물 생애주기(life-cycle) 전체에 걸쳐 환경부하 저감과 거주환경 성능 향상을 목표로 한 지속가능한 개발 위주의 새로운 패러다임으로 전환하는 것이 절실히 요구된다. 이러한 이유에서, WTO 체제 하에서 UN, OECD, ISO 등을 중심으로 한 국제단체는 CO_2 저감에 의한 지구온난화 방지, 지속가능한 개발 및 전과정 평가(life-cycle assessment, LCA)를 주제로 건축생산기술에 관한 연구를 활발히 진행하고 있으며 환경부하 저감 목표 및 실천기간 등의 강제 규정을 설정하고 있다.[B-1]

본 부록 B에서는 "5장 전과정 평가"에서 기술한 콘크리트 구조물의 전과정 CO_2 배출량 평가기법에 근거한 콘크리트 구조물의 전과정 CO_2 배출량 평가 사례를 소개하였다. 평가대상 구조물은 철근콘크리트구조의 고층 공동주택으로 선정하였으며 평가대상 구조물의 생애주기를 건설단계, 운영 · 유지관리단계, 해체 · 폐기단계로 구분하고 각 단계에서의 CO_2 배출량을 평가하였다. 또한 탄산화 현상에 의한 평가대상 구조물의 내구수명을 산정 후 내구수명 100년의 장수명화가 가능하도록 하는 대책을 고려한 경우에 대한 CO_2 배출량을 평가하고 그 결과 서로 비교하였다.[B-2]

B.2 평가방법

평가대상 구조물은 2004년 5월에 준공된 고층 공동주택으로 총연면적 14,424㎡, 지상 35층, 지하 3층의 철근콘크리트 구조물이다. 본 연구에서는 대상 구조물의 라이프사이클 에너지 소비량 및 CO_2 배출량을 산출하기 위하여 대상 구조물의 건설단계에서 사용된 건설재료의 사용내역과 1년간의 에너지 소비량에 대한 데이터를 입수하였다. 또한 본 평가 사례에서는 도심환경(탄산화 환경)에 대하여 100년 이상의 수명 확보가 가능한 콘크리트 압축강도를 선정하여 대상 구조물에 적용하였고,

이로 인한 철근 및 콘크리트 사용량의 절감효과와 수명연장 현상이 CO_2 배출량에 미치는 영향에 대하여 평가하였다. 평가조건은 Case1 ~ 3의 3수준으로 Case1은 기존 구조물에 탄산화에 대한 보수과정 없이 수명 50년 도달 후 재건설 과정을 거쳐 평가기간인 100년까지 도달하는 경우로 설정하였고, Case2는 기존 구조물에 탄산화에 의해 열화된 구조부재를 보수하여 100년까지 수명을 연장한 경우로 설정하였다. 한편, Case3은 고강도 콘크리트 구조물로 설정하고 고강도 콘크리트 구조물의 수명은 100년으로, 평가기간 100년까지 탄산화에 의한 구조부재의 보수는 실시하지 않는 것으로 하였다. 표 B.1에 평가대상 구조물의 개요를 나타내었다.

표 B.1 평가대상 고층 공동주택 및 단지개요

<table>
<tr><th>구 분</th><th colspan="4">내 용</th></tr>
<tr><td>지역지구</td><td colspan="4">중심상업지역, 도시설계지구</td></tr>
<tr><td>대지면적</td><td colspan="4">3,291㎡</td></tr>
<tr><td>용 도</td><td colspan="4">공동주택, 판매시설, 운동시설, 업무시설</td></tr>
<tr><td>건축규모</td><td colspan="4">지상 35층, 지하 3층</td></tr>
<tr><td>건축면적</td><td colspan="4">1,949㎡</td></tr>
<tr><td>건 폐 율</td><td colspan="4">59.22 %</td></tr>
<tr><td rowspan="3">연 면 적</td><td>지상층</td><td>11,715㎡</td><td rowspan="3">용적률</td><td rowspan="3">355.99 %</td></tr>
<tr><td>지하층</td><td>2,709㎡</td></tr>
<tr><td>합계</td><td>14,424㎡</td></tr>
<tr><td>조경면적</td><td colspan="4">960㎡</td></tr>
<tr><td>세 대 수</td><td colspan="4">1,829세대</td></tr>
<tr><td rowspan="7">주차대수</td><td colspan="2">용 도</td><td colspan="2">계획 주차대수</td></tr>
<tr><td colspan="2">주거시설</td><td colspan="2">2,716대</td></tr>
<tr><td colspan="2">판매시설</td><td colspan="2" rowspan="4">414대</td></tr>
<tr><td colspan="2">운동시설</td></tr>
<tr><td colspan="2">업무시설</td></tr>
<tr><td colspan="2">교육연구시설</td></tr>
<tr><td colspan="2">합 계</td><td colspan="2">3,130대</td></tr>
</table>

B.2.1 평가대상 구조물의 내구수명 평가

본 부록에서는 평가대상으로 선정한 고층 공동주택을 대상으로 생애주기에 걸친 CO_2 배출량을 평가함과 동시에 탄산화 환경 하에서 내구수명 100년의 확보가 가능하도록 하는 Case 2와 Case 3에 대한 CO_2 배출량을 평가하고 이를 서로 비교하였다. 이를 위해 우선 Case 1~Case3에 대해 탄산화 환경에 대한 내구수명을 평가할 필요가 있다. 특히 탄산화 환경에 대하여 100년 이상의 수명 확보가 가능한 기술로 고강도 콘크리트의 적용(Case 3)을 고려하고 있는데, 고강도 콘크리트의 선정은 내구수명 100년의 확보가 가능하도록 하는 콘크리트 압축강도의 최소치를 선정하였다. 이러한 고강도 콘크리트의 적용은 구조부재의 단면을 감소시키고 이로 인해 구조부재를 구성하는 철근 및 콘크리트의 사용량이 저감되며, 이렇게 저감된 철근 및 콘크리트를 생산하는 데 소비되는 에너지 소비량 및 CO_2 배출량이 저감하게 된다. 이를 위해 본 연구에서는 탄산화 환경에 대한 대상 구조물의 수명 예측을 통하여 수명 100년 이상의 수명이 확보 가능한 고강도 콘크리트를 선정한 후 선정된 고강도 콘크리트를 적용한 대상 구조물에 대하여 구조해석을 재실시하여 구조부재의 단면 크기를 계산하고, 이로 인한 철근 및 콘크리트의 저감량을 산출하였다.

탄산화란 대기 중의 CO_2가 콘크리트 내부에 침투하여 콘크리트의 수화생성물인 수산화칼슘과 반응, 탄산칼슘으로 변화됨으로써 콘크리트 공극용액을 pH 8.3 ~ 10.0으로 저하시키는 현상으로, 콘크리트 내부의 pH가 저하되면 콘크리트 내부에 매설된 철근은 안정한 상태를 잃고 부식되기 시작한다. 이는 콘크리트의 탄산화에 의한 철근부식으로 대표적인 열화현상 중 하나이다.[B-3]

한편, 탄산화 환경하에서의 철근콘크리트 구조물의 수명을 산정하기 위해서는 콘크리트 내부로의 CO_2 침투속도를 산출할 필요가 있으며, 일반적으로 콘크리트 내의 CO_2의 침투속도는 식(B.1)과 같이 시간의 제곱근으로 나타낼 수 있다. 또한 식(B.1)을 결정하는 속도계수 A는 식(B.2)와 같으며, 계수 A는 1) 콘크리트 종류, 2) 시멘트 종류, 3) 물-시멘트비, 4) 온도 및 습도 등에 의해 결정되는 계수로, 본 부록에서는 기존의 연구에서 제안된 방법으로 계수 A를 결정하고 시간에 대한 탄산화 깊이를 산정하였다. 표 B.2에 탄산화 속도 식의 계수 A를 결정하는 변수의 값을 나타내었다. 본 논문에서는 표 B.2에서 나타낸 각 변수의 값을 이용하여 탄산화 속도를 산출하였다.

표 B.3에 Case 1에 실제 적용된 콘크리트 압축강도와 내구수명 100년의 확보가 가능하도록 Case 3에 적용된 고강도 콘크리트를 나타내었다. 각 Case별 구조물 내구수명의 산출결과, 압축강도 24 MPa, 27 MPa, 30 MPa에 대하여 피복두께(콘크리트 표면에서 매설 철근까지의 거리) 20 mm의 위치까지 탄산화가 도달되는 시간은 각각 14년, 32년, 81년으로 본 연구에서 목표로 하는 수명 100년보다는 탄산화 속도가 빠른 것으로 평가되었다. 그러나 대상 구조물의 지하부터 지상 9층까지 사용된 35 MPa 콘크리트의 경우에는 중성화 환경에 대하여 100년 이상의 수명 확보가 가능한 결과를 얻었다. 이러한 결과에 근거하여 본 부록에서는 탄산화 환경에 대하여 100년 이상의 수명 확보가 가능한 콘크리트 압축강도로 40 MPa을 산정하였다.

이것은 피복두께의 시공오차 및 다양한 원인에 의한 하자발생 등에 대한 안전율을 고려한 것으로, 일반적으로 탄산화 환경에 대하여 안전한 W/C=40 %에 안전율 10 % 정도를 고려한 압축강도에 상당한다. 각 Case별 구조물 수명의 산출결과, Case 1은 기존 구조물에 탄산화에 대한 보수과정 없이 수명 50년 도달 후 재건설 과정을 거쳐 평가기간인 100년까지 도달하였으며, Case 3은 고강도 콘크리트 구조물의 경우로서 고강도 콘크리트 구조물의 수명은 100년으로 평가기간 100년까지 탄산화에 의한 구조부재의 보수는 실시하지 않는 것으로 분석되었다. 한편, Case 2는 기존 구조물에 탄산화에 의해 열화된 구조부재를 보수하면서 100년까지 수명을 연장한 경우로 설정하였다.

$$C = A\sqrt{t} \tag{B.1}$$

$$A = \alpha_1 \cdot \alpha_2 \cdot \alpha_3 \cdot \beta_1 \cdot \beta_2 \cdot \beta_3 \tag{B.2}$$

여기서, C는 중성화 깊이(cm), A는 중성화 속도계수, t는 시간(year)을 나타낸다.

표 B.2 탄산화 속도계수 A의 결정계수

변수	내용	적용 값
α_1	콘크리트의 종류에 의한 계수	보통콘크리트 ⇒ 1
α_2	시멘트의 종류에 의한 계수	보통콘크리트 ⇒ 1
α_3	물결합재비에 의한 계수	W/B=0.6 ⇒ 0.22
β_1	온도에 의한 계수	연평균 기온 15.9℃ ⇒ 1
β_2	습도에 의한 계수	연평균 습도 63 % ⇒ 1
β_3	CO_2 농도에 의한 계수	CO_2 농도 0.05 % ⇒ 1

표 B.3 고강도 콘크리트의 재설계

층	기존 설계(Case 1, Case 2)	고강도 콘크리트 재설계(Case 3)
27~35층	24 MPa	40 MPa
20~26층	27 MPa	40 MPa
10~19층	30 MPa	40 MPa
지하~9층	35 MPa	40 MPa

B.2.2 고강도 콘크리트 적용에 의한 물량 절감량 산출

대상 구조물에 적용된 4종류(24, 27, 30, 35 MPa)의 콘크리트 압축강도를 40 MPa의 고강도 콘크리트로 대체하여 구조해석을 재실시하고, 이를 토대로 콘크리트 및 철근물량을 산출하여 기존 설계와 비교하였다. 한편, 고강도 콘크리트의 적용에 의해 단면이 감소되는 부재는 수직부재(column, wall, core wall. wall column)로 한정하였다. 즉, 수직부재의 압축강도를 40 MPa의 고강도 콘크리트로 대체하였으며, 수직부재의 단면 감소에 기인한 철근 및 콘크리트의 물량 절감률을 산출하였다.

그 결과 수직부재의 콘크리트 및 철근에 대한 물량 절감률은 각각 8.8 %와 30.3 %였으며, 이를 대상 구조물에 사용된 전체 콘크리트와 철근에 대한 절감률로 환산한 결과 각각 5.7 %와 19.7 %의 절감률을 나타냈다. 이러한 콘크리트 및 철근의 물량 절감은 고강도 콘크리트의 적용에 의한 수직부재의 단면 감소에 기인한 것으로 콘크리트의 절감량에 비교하여 철근의 절감률이 상대적으로 높음을 알 수 있다. 표 B.4에 콘크리트 및 철근의 절감량을 나타내었다.

한편, 고강도 콘크리트를 적용하게 되면 보통강도 콘크리트보다 시멘트 사용량이 증가하여 상대적으로 많은 CO_2 배출량을 발생시키게 된다. 이러한 문제를 해결하기 위하여 시멘트의 일정 부분을 고로슬래그 미분말과 같은 산업부산물로 대체하는 방법 등이 적용되고 있으며, 본 평가 사례에서는 고로슬래그 미분말을 시멘트 중량 대비 20 % 치환한 배합설계를 적용하였다.[B-4]

이렇게 기존 구조물에 적용된 콘크리트 배합설계와 다른 배합설계를 적용할 경우 콘크리트 구성재료의 증가 및 감소가 발생하게 되고, 이러한 재료 사용의 변화는 CO_2 배출량 산정 시에 고려되어야 한다. 본 평가 사례의 경우 고강도 콘크리트 배합설계를 적용함에 따라 시멘트 물량은 1,156 ton 증가, 자갈 물량은 490.522 ton 증가, 모래 물량은 1,649.452 ton 감소한 것으로 분석되었다. 한편, 고로슬래그 미분말을 1 kg 생산하는 데 발생되는 CO_2 배출량은 0.0265 kg-CO_2/kg으로 시멘트 1 kg을 생산하는 데 발생되는 CO_2 배출량 0.931 kg-CO_2/kg의 약 3 %에 상당하는 것에 근거하여 고로슬래그 미분말로 치환된 부분의 CO_2 배출량을 산출하였다.[B-5]

표 B.4 고강도 콘크리트(40 MPa) 적용에 의한 콘크리트 및 철근의 물량 절감

구 분		기존 설계	고강도 콘크리트 적용 설계	감소율
수직부재	Concrete	11,377.30 m^3	10,374.10 m^3	8.8 %
	Steel	545.33 ton	379.94 ton	30.3 %
전체부재 수평+수직부재	Concrete	17,596.06 m^3	16,589.57 m^3	5.7 %
	Steel	1,667.94 ton	1,339.44 ton	19.7 %

B.3 평가결과

B.3.1 건설단계 CO_2 배출량

그림 B.1은 각각 건설단계의 CO_2 배출량을 나타낸 것이다. 그림 B.1에 의하면 CO_2 배출량은 평가조건에 관계없이 자재생산, 운송, 시공 순으로 나타났으며, Case 1에서 가장 높고 고강도 콘크리트 구조물인 Case 3에서 가장 낮은 경향을 보였다. 특히, Case 3의 CO_2 배출량은 Case 1과 Case 2와 비교하여 각각 52.15 %와 4.11 % 절감효과가 있는 것으로 평가되었다. 이러한 Case 3의 CO_2 배출량 절감효과는 고강도 콘크리트 적용에 의한 구조물의 장수명화와 수직부재의 단면 감소에 기인한 콘크리트 및 철근 물량의 절감에 기인한 것으로 분석된다. 특히, Case 3은 고강도 콘크리트 적용에 의해 Case 1과 Case 2에 비해 2배 이상의 수명 확보가 가능하였으며, 이를 통해 평가기간 100년 동안 1회의 건설과정과 탄산화에 의한 별도의 유지보수 없이 CO_2 배출량의 평가가 이루어졌다. 그러나 Case 1의 경우 평가기간 100년 동안 2회의 건설과정을 거치게 되면서 Case 2와 Case 3에 비하여 상대적으로 많은 CO_2 배출량이 발생하는 것으로 평가되었다.

사실상 한국에서는 철근콘크리트 구조물에게 40년 이상의 수명이 요구되고 있음에도 불구하고 건설된 지 20년~30년의 사이에 많은 구조물이 재건축되고 있다. 본 평가 사례의 결과를 통해 짧은 기간 사용 후 재건설되는 구조물은 장수명 건축물에 비해 상대적으로 CO_2 배출량이 많이 발생하는 것으로 평가되었으며, 수명이 2배 증가함으로써 건설단계의 CO_2 배출 절감률은 약 50 %에 이르는 것으로 평가되었다.

B.3.2 전과정 CO_2 배출량

그림 B.2는 본 평가 콘크리트 구조물의 전과정 CO_2 배출량을 나타낸 것이다. 그림 B.2에 의하면 평가조건에 관계없이 CO_2 배출량은 건설단계와 운영단계에서 매우 높은 경향을 나타냈으며, 이것은 CO_2 배출량 절감을 위해서는 건설단계와 운영단계에서 CO_2 배출 절감기술을 적용하는 것이 효과적임을 의미한다. 특히, 고강도 콘크리트 구조물인 Case 3의 단위면적당 CO_2 배출량은 총 2,430 kg-CO_2/m^2로 건설단계 31 %, 사용 및 유지관리단계 68 %, 해체 및 폐기단계 1 %로 평가되었으며 Case 1과 Case 2에서도 유사한 결과를 얻었다.

표 B.2에 의하면 고강도 콘크리트 구조물인 Case 3의 CO_2 배출량은 Case 1과 Case 2에 비해 각각 16.75 %와 3.38 % 절감효과가 있는 것으로 평가되었다. 이러한 Case 3의 절감효과는 'B.3.1 건설단계 CO_2 배출량'에서 기술한 바와 같이 고강도 콘크리트 적용에 의한 구조물의 장수명화와 수직부재의 단면 감소에 기인한 콘크리트 및 철근 물량의 절감에 기인한 것으로 평가된다.

한편, Case 2는 Case 1에 비해 CO_2 배출량이 적은 것으로 평가되었으며, 이것은 열화환경에 대해서 유지보수를 통해 목표 내용연수까지 수명을 확보하는 것이 CO_2 배출량 절감에 효과적임을 의미한다. 하지만 Case 2는 Case 3에 비해서는 CO_2 배출량이 많은 것으로 평가되었는데, 이것은 Case 3의 경우 고강도 콘크리트 적용에 의해 건설자재 단계에서 콘크리트 및 철근이 절감되어 이로 인한 환경부하 저감효과가 있었으며, Case 2에서 유지보수과정을 통해 유지관리단계의 CO_2 배출량이 증가하였기 때문으로 평가된다.

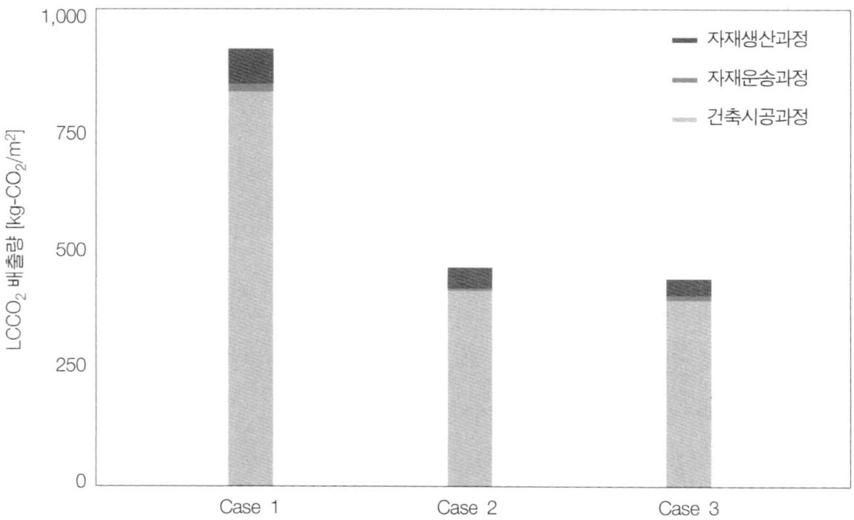

그림 B.1 건설단계 CO_2 배출량

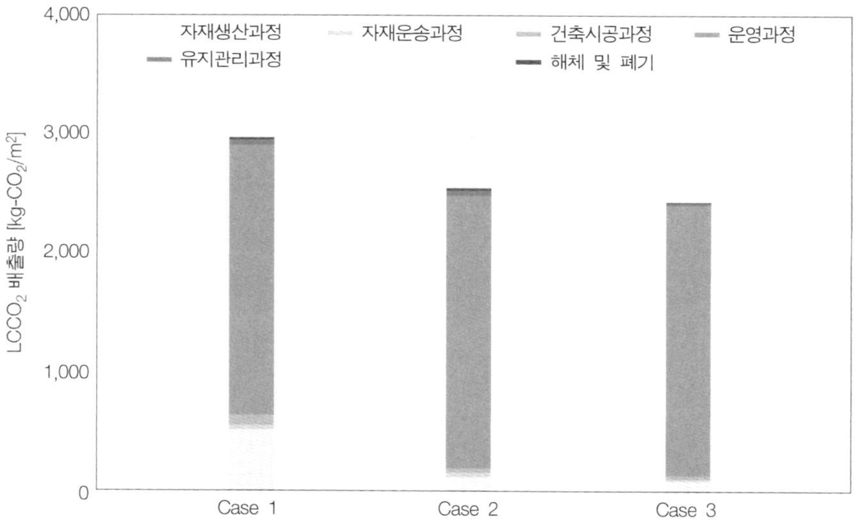

그림 B.2 전과정 CO_2 배출량

표 B.2 콘크리트 구조물의 전과정 CO_2 배출량 평가결과표

구 분		Case별 전과정 CO_2 평가결과(kg-CO_2/m^2)		
		Case 1	Case 2	Case 3
건설단계	자재생산과정	833	416	397
	자재운송과정	15	7	7
	건축시공과정	78	39	39
운영 및 유지관리단계	운영과정	1,981	1,981	1,981
	유지관리과정	0	66	0
해체 및 폐기단계	매립과정	11	5	5
총 합		2,918	2,514	2,429

B.4 맺음말

본 부록 B에서는 콘크리트 구조물의 전과정 CO_2 배출량 평가기법에 근거한 CO_2 배출량 평가 사례 분석을 수행하였다. 콘크리트 구조물의 CO_2 배출량 분포는 건설단계 30 % 이내 사용 및 유지관리단계 약 70 %, 철거 및 폐기단계는 1 % 이상으로 평가되었다. 건설단계의 고강도 콘크리트 구조물인 Case 3의 CO_2 배출량은 일반강도 콘크리트 구조물인 Case 1, Case 2에 비교하여 각각 52.15 %와 4.11 % 절감되었으며, 전과정 관점에서는 각각 16.75 %와 3.38 %의 절감효과가 있는 것으로 평가되었다.

B.5 참고문헌

B-1. N. Urushizaki, M. Mizuno, Y. Shimoda, “The study on life-cycle waste and CO_2 emission from countermeasure of long-life building”, Journal of Architect, Plan and Environment Engineering, 2003, pp.93~100.

B-2. Tae. S. H., Baek. J. H., Shin. S. W., “Life-cycle CO_2 evaluation on reinforced concrete structure with high-strength concrete”, Environmental Impact Assessment Review, Vol.31, 2011, pp.253~260.

B-3. Chang. C. F., Chen. J. W., "The experimental investigation of concrete carbonation depth", Cement and Concrete Research, Vol.36, 2006, pp.1760~1767.

B-4. Lee. K. M., Lee. H. K., Lee. S. H., Kim. G. Y., "Autogenous shrinkage of concrete containing granulated blast-furnace slag", Cement and Concrete Research, Vol.36, 2006, pp.1304~1311.

B-5. 日本土木學會, コンクリト構造物の 環境性能照査指針(試案), 2005, pp.48~52.

부록 C 폐콘크리트 재활용 시 CO_2 평가

C.1 일반사항

건설폐기물은 전 세계적으로 심각한 환경문제를 야기하고 있으며 매년 급격한 추세로 증가하고 있다. 영국에서 발생하는 폐기물은 2007년 3억 8천 톤에 이르고 있으며 매년 1억 톤씩 증가하고 있고 건설폐기물은 전체에서 1/3 정도 차지하고 있다.[C-1] 일본의 건설폐기물은 2005년 7천 6백만 톤에 이르고 있으며, 이는 전체 폐기물 발생량에 18% 정도이다.[C-2] 우리나라는 1996년 이후로 건설폐기물이 연평균 67.5%라는 경이적인 증가율을 보이고 있다.[C-3] 세계 각국은 재활용 정책으로 '3R' 이라고 불리는 재사용(reuse), 재활용(recycling), 발생량 감소(reduction) 등을 효율적으로 사용하고 있다. 가장 효율적인 건설폐기물 발생량을 감소시키는 방법은 재활용계획을 구조물 설계단계부터 건설단계까지 수립하여 건설폐기물 발생량 자체를 감소시키는 것과 발생된 건설폐기물을 당해 현장에서 재활용하여 건설폐기물 반출량을 최소화하는 것이다.[C-4]

본 부록에서는 사례현장을 선정하여 건설폐기물 중에서 폐콘크리트를 재활용하여 순환골재를 생산하는 재활용 방법에 따른 CO_2 발생량과 천연골재 중 가장 높은 비율을 차지하는 쇄석골재를 생산할 때 발생하는 CO_2 배출량과 비교·분석하여 건설폐기물의 재활용으로 인한 CO_2 배출량을 정량화하였다.

C.2 재활용방법별 및 쇄석골재 생산 공정 분석

C.2.1 사례현장

폐콘크리트의 재활용 공정을 분석하기 위해서 사례현장을 선정하였다. 사례현장은 L공사가 택지개발을 통하여 신도시를 건설하는 대규모 건설현장이며, 사업면적은 약 142만 평이고 가옥, 아파트, 공장, 상가, 토목구조물 등 지장물의 면적은 13.6만 평이며 지장물의 수는 4,587개에 달한다. 해체 및 철거 시 발생하는 총건설폐기물의 양은 약 1,129만 m^3로 산출되었다. 이 중에서 폐콘크리트의 재활용 양은

1단계 공사에서 약 139,873 m^3이며, 공구별로 나타내면 표 C.1과 같다. 재활용 대상이 되는 폐콘크리트 수량은 건축구조물에서 93,715 m^3, 토목구조물에서 43,158 m^3로 산정되었다.

표 C.1 재활용 폐콘크리트의 수량

	1공구	2공구	3공구	계
폐콘크리트양 (m^3)	43,119	41,250	55,509	139,873

C.2.2 구조물 해체 시 CO_2 발생량

구조물 해체 시의 CO_2 발생량 산출은 표준품셈[C-5] 및 LH공사 견적자료에 의거하였다. 구조물을 해체, 선별 및 집토과정에서 사용한 장비, 작업능력, 연료소비량을 정리하여 표 C.2에 나타내었다.

표 C.2 구조물 해체공정의 작업능력 및 단위 연료소비량

구조물 해체 공종	구조물 타입	사용 장비	작업능력 Q(m^3/hr)	연료소비량 (L/hr)
건축	2 ~ 6층 이하 RC라멘조	압쇄기 + 백호 1.0 m^3	11.8	17.7
	철근 30 이상	유압식 백호 + 대형 브레이커 대형 브레이커 치즐	2.05	17.7
	철근 30 미만	유압식 백호 + 대형 브레이커 대형 브레이커 치즐	2.45	17.7
	무근 30 미만	유압식 백호 + 대형 브레이커 대형 브레이커 치즐	4.6	17.7
	벽돌 블록	백호 1.0 m^3	76.4	17.7
토목	철근 30 이상	유압식 백호 + 대형 브레이커 대형 브레이커 치즐	2.05	17.7
	철근 30 미만	유압식 백호 + 대형 브레이커 대형 브레이커 치즐	2.45	17.7
	무근 30 미만	유압식 백호 + 대형 브레이커 대형 브레이커 치즐	4.6	17.7
	보도블록 철거	백호 1.0 m^3	38.34	17.7
	아스콘	유압식 백호 0.7 m^3 + 대형 브레이커 대형 브레이커 치즐	5.9	10.5
선별 및 집토		살수차	6.75	10.2
	콘크리트	백호 1.0 m^3	27.5	17.7
	혼합폐기물	백호 1.0 m^3	52.08	17.7
	콘크리트, 블록류	백호 1.0 m^3	27.5	17.7
	폐아스콘	백호 1.0 m^3	35.01	17.7

표 C.2와 경유의 CO_2 배출 원단위 2.824 kg/L를 근거로 CO_2 배출량을 산정하여 요약하여 나타내면 표 C.3과 같다. 표 C.3에서 보는 바와 같이 토목구조물의 해체가 건축구조물의 해체보다 연료소비량이 약 2.2배 더 많이 사용되는 것으로 나타났다. 따라서 폐콘크리트 139,873 m^3를 재활용하기 위한 구조물 해체단계에서 CO_2 배출량은 472 톤에 이르며, 구조물 해체를 위한 단위체적당 CO_2 배출량은 3.374 kg/m^3이다.

표 C.3 해체과정에서 사용한 장비 및 CO_2 배출량

구조물 해체	사용 장비	경유소비량 (ℓ /m^3)	CO_2 발생량 (kg/m^3)
건축구조물	압쇄기 + 백호(1 m^3) 유압식 백호 + 대형 브레이크 대형 브레이크 치즐	2.03	5.73
토목구조물	유압식 백호 + 대형 브레이크 대형 브레이크 치즐	4.55	12.85
선별 및 집토	살수차 백호(1 m^3)	0.61	0.88

C.2.3 현장재활용 공정 분류 및 CO_2 배출량

현장재활용의 공종은 현장파쇄시설 설치 및 해체, 폐콘크리트 상차 및 운반, 현장파쇄시설 투입 전 소할파쇄, 폐콘크리트 투입, 순환골재 생산 및 정리, 그리고 순환골재 상차 및 운반 등으로 구성된다. 표 C.4는 현장재활용 공정의 작업능력 및 단위 연료소비량을 보여준다.

표 C.4 현장재활용 공정의 작업능력 및 단위 연료소비량

현장재활용 공종	투입 장비	작업능력 Q(m^3/hr)	연료소비량 (L/hr)
폐콘크리트 상차 및 운반	백호(1 m^3)	17.7	17.7
	15 톤 트럭	14.74	
파쇄시설 투입 전 소할파쇄	백호(0.7 m^3)	10	10.5
폐콘크리트 투입	타이어로더(3.5 m^3)	44.85	24.4
현장재활용 골재 생산 및 정리	이동식 크러셔(200 톤)	63.53	58.1
	타이어로더(3.5 m^3)	102.16	24.4
현장재활용 골재 상차 및 운반	타이어로더(3.5 m^3)	122.6	24.4
	15 톤 트럭	14.74	21.1

사례현장에서 사용된 현장파쇄기의 용량은 200 톤 이동식 크러셔이며, 이는 대부분 폐콘크리트를 재활용하는 현장에서 사용된다. 표 C.4를 근거로 폐콘크리트를 현장재활용에 사용되는 총경유소모량은 937,501이고 CO_2 배출 원단위는 2.824 kg/L이므로, 총 CO_2 발생량은 2,647.4 톤이다. 표 C.5는 현장재활용 공종별로 사용 장비 및 CO_2 배출량을 보여준다. 폐콘크리트를 재활용하여 골재를 생산하기 위해 배출되는 단위체적당 CO_2의 양은 18.927 kg/m^3이다. 이는 구조물 해체를 제외한 값이며 포함하면 22.304 kg/m^3이다.

표 C.5 현장재활용할 경우 CO_2 발생량

현장재활용 공종	투입 장비	총연료소모량 (천ℓ)	CO_2 발생량 (ton)
폐콘크리트 상차 및 운반	백호(1 m^3), 15 톤 트럭	293.3	838.3
파쇄시설 투입 전 소할파쇄	백호(0.7 m^3)	22.0	62.2
폐콘크리트 투입	타이어로더(3.5 m^3)	76.1	214.9
현장재활용 골재 생산 및 정리	이동식 크러셔(200 톤), 타이어로더(3.5 m^3)	228.3	643.3
현장재활용 골재 상차 및 운반	타이어로더(3.5 m^3), 15 톤 트럭	318.3	698.7
총 계		937.5	2,647.4

C.2.4 중간처리업체의 순환골재 생산 공정 및 CO_2 배출량

중간처리업체의 순환골재 생산에 사용되는 크러셔는 고정식이고 사용되는 에너지원이 전력인 반면에, 현장재활용 공정에서 사용되는 크러셔는 이동식이고 경유를 통한 발전기를 이용한다. 또한 현장재활용에 비해 운반거리가 길다는 점을 제외하면, 공정 및 투입되는 건설장비와 작업능력은 거의 유사하다. 표 C.6은 중간처리업체의 순환골재 생산 공정에서 발생하는 연료소비량과 CO_2 배출량을 보여준다. 중간처리업체의 고정식 크러셔는 시간당 200 톤의 폐콘크리트를 파쇄하며, 전력소모량은 2.87 kwh/t이며[C-6], 전력에 의한 CO_2 배출량은 0.424 kg/kwh이다[C-7]. 따라서 중간처리업체에서 재활용하여 골재 생산에 배출되는 단위체적당 CO_2양은 8.039 kg/m^3이다. 구조물 해체과정을 포함하면 11.414 kg/m^3이다. 이는 운반 시 배출되는 CO_2양을 제외한 값이다.

표 C.6 중간처리업체의 순환골재 생산 공정 및 CO_2 발생량

중간처리업체의 순환골재 생산 공정	투입 장비	총연료소모량 (천ℓ)	CO_2 발생량 (ton)
폐콘크리트 상차	백호(1 m^3)	90.0	254.3
폐콘크리트 운반	15톤 트럭	-	-
파쇄시설 투입 전 소할파쇄	백호(0.7 m^3)	22.0	62.2
폐콘크리트 투입	타이어로더(3.5 m^3)	76.1	214.9
순환골재 생산 및 정리	고정식 크러셔(200 톤/h) 타이어로더(3.5 m^3)	823 Mkwh 47.2	482.1
순환골재 상차	타이어로더(3.5 m^3)	39.3	111.0
순환골재 운반	15톤 트럭	-	-

트럭의 운반거리에 따라 경유소모량과 CO_2 배출량이 달라진다. 운반거리에 따른 경유소비량과 구조물을 해체할 때 발생하는 CO_2 배출량은 표 C.7에 자세히 나타내었는데, 이는 구조물을 해체할 때 배출되는 CO_2양이 포함된 값이다. 운반거리는 '건설폐기물의 재활용 촉진에 관한 법률'의 순환골재 의무사용 고시안에 의거하여 '공사현장에서 직선거리 40 km 이내'를 기준으로 분석하였다.

표 C.7 운반거리에 따른 CO_2 배출량

운송거리	운행횟수	경유사용량 (천ℓ)	운반거리에 따른 CO_2 발생량 (ton)	총 CO_2 발생량 (ton)
5	21,448	304.6	860.1	2,456.6
10	21,448	609.1	1,720.2	3,316.7
15	21,448	913.7	2,580.2	4,176.7
20	21,448	1,218.2	3,440.3	5,036.8
25	21,448	1,522.8	4,300.4	5,896.9
30	21,448	1,827.4	5,160.5	6,757.0
35	21,448	2,131.9	6,020.6	7,617.1
40	21,448	2,436.5	6,880.7	8,477.2

C.2.5 쇄석골재 생산 공정 및 CO_2 배출량

쇄석골재 생산 공정 및 CO_2 배출량은 표 C.8에 나타내었다. 쇄석골재 139,873 m^3

를 생산하기 위한 CO_2 배출량은 1,323 톤이며 단위체적당 CO_2 배출량은 9.496 kg/m^{3}이다. 이는 골재 사용처까지 운반거리에 따른 CO_2 배출량은 제외한 값이다.

표 C.8 쇄석골재 생산 공정 및 CO_2 배출량

공 정	투입 장비	에너지사용량 (ℓ/m^3)	CO_2 발생량(kg/m^3)
암반발파 및 골재적하	백호(1 m^3)	49.529	139.9
	굴삭기(2 m^3)	0.60	117.7
현장 내 운반	트럭(38 톤)	255.563	721.7
분쇄	크러셔(200 톤/h)	823 Mkwh	348.9
총계		1,328.2	

* 출처 : 삼표기술연구소 전화조사

C.3 재활용 효과 분석

C.3.1 사례현장의 CO_2 배출량 비교 · 분석

그림 C.1은 현장재활용 및 중간처리업체의 폐콘크리트를 재활용하여 골재를 생산할 때 배출되는 CO_2양과 쇄석골재 생산 시 배출되는 CO_2양을 보여준다.

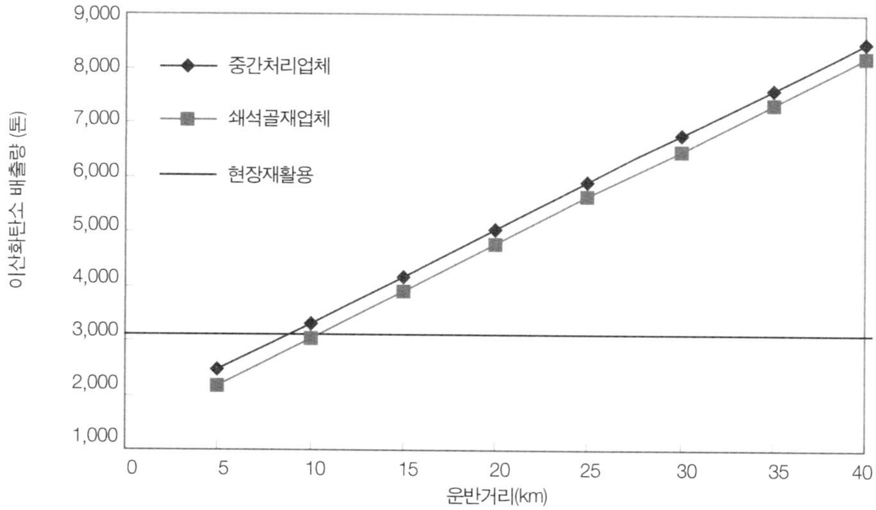

그림 C.1 골재 운반거리에 따른 CO_2 배출량 비교

운반거리를 고려하지 않은 CO_2 배출량은 쇄석골재, 중간처리업체, 현장재활용 순이다. 이는 현장재활용 공정의 이동식 파쇄기에 사용되는 연료가 전력보다 CO_2 배출량이 많은 경유이기 때문이다. 운반거리를 고려하여 CO_2 배출량을 비교할 때, 중간처리업체 및 쇄석골재에서 생산되는 골재를 10 km 이상 운반할 때 현장재활용할 경우가 배출하는 CO_2양보다 많아진다. 운반거리를 제외한 중간처리업체와 쇄석골재의 단위체적당 CO_2 배출량은 각각 11.414 kg/m^{3}와 9.496 kg/m^{3}이며, 쇄석골재를 생산할 경우 배출되는 CO_2양이 중간처리업체보다 적다.

C.3.2 사례현장의 교통량 저감효과

폐콘크리트의 현장재활용과 중간처리업체 및 쇄석골재를 생산할 때 배출하는 CO_2양에 가장 많은 영향을 미치는 요소는 생산된 골재를 운반하는 트럭 운행횟수와 운반거리이다. 표 C.9는 표준품셈을 근거로 하여 골재생산지에서 사용처까지 이상적인 운행주기로 계산된 운반거리와 속도에 따른 필요한 하루당 트럭 수를 보여준다. 폐콘크리트 139,873 m^{3}를 운반하기 위한 시간은 367일이 소요된다. 표 C.9에서 보듯이 도로여건에 따라 속도가 빠를수록, 거리가 짧을수록 필요한 트럭 수가 줄어든다는 것을 알 수 있다. 이는 트럭 수가 감소함에 따라 CO_2 배출량이 그 만큼 줄어든다는 것을 의미한다. 트럭 수가 많아진다는 것은 CO_2 배출량이 많아질 뿐만 아니라 시내 교통체증을 유발할 수도 있다는 것을 의미한다.

표 C.9 운반거리와 속도에 따른 트럭 수

운반거리 (km)	속도(km, 적재/공차)						
	20/20	25/25	25/30	30/35	35/35	50/50	60/60
	트럭 수	트럭 수	트럭 수	트럭 수	트럭 수	트럭 수	트럭 수
5	31	27	25	23	22	19	17
10	52	44	41	36	34	27	24
15	73	60	56	49	46	35	31
20	94	77	71	62	58	44	38
25	115	94	87	75	70	52	45
30	136	111	102	88	82	60	52
35	157	127	117	101	94	69	59
40	177	144	133	114	106	77	66

C.4 폐콘리트 발생량 전망에 따른 재활용 효과 분석

C.4.1 건설폐기물 발생량 연도별 전망

그림 C.2는 건설폐기물 발생량과 향후 예측치를 보여준다. 1997년 건설폐기물 발생량이 하루 4만 7천 톤이던 것이 2006년에는 17만 톤 정도로, 최근 10년 동안 3.6배 이상 급격한 증가를 보여주고 있다. 앞에서 언급했듯이, 1980년대 이후 주택건설호수 및 주택보유수의 급증과 건축물의 기대수명을 고려할 때, 건설폐기물의 발생량은 앞으로도 급격한 증가가 예상된다. 폐콘크리트가 건설폐기물에서 차지하는 비중은 1997년 53.3 %에서 매년 증가하여 2006년 78.7 %에 이르고 있으며, 폐콘크리트의 재활용은 건설폐기물 재활용에 대단히 중요함을 알 수가 있다. 또한 그림 C.2에 나타내었듯이 건설폐기물 발생량의 증가 추세는 폐콘크리트 증가 추세와 거의 일치함을 알 수가 있다.

C.4.2 건설폐기물 발생량 연도별 전망에 따른 CO_2 발생량

발생한 폐콘크리트를 100 % 중간처리업체를 통하여 순환골재를 생산한다고 가정하면 필요한 트럭의 운행횟수는 표 C.10과 같다. 하루 운행횟수는 1997년 4,583회에서 2005년에 16,969회, 2010년에는 31,112회로 급속한 증가가 예상된다. 이는 1997년 기준으로 약 6.8배에 이르며, 늘어난 운행횟수에 따른 교통량의 증가로 인한 교통흐름에 영향을 준다.

표 C.11과 표 C.12는 폐콘크리트를 현장재활용, 중간처리업체의 순환골재, 쇄석골재 생산 시 발생하는 운송거리에 따른 연도별 CO_2 발생량을 보여준다. 폐콘크리트를 현장재활용할 경우 운반거리와 상관없이 중간처리업체의 순환골재 및 쇄석골재를 생산할 때보다 적은 CO_2를 배출하는 것을 알 수 있으며, 이로써 CO_2 배출량에 가장 크게 영향을 미치는 요소가 폐콘크리트양 및 골재량에 따른 트럭 운행횟수와 운반거리임을 알 수 있다.

그림 C.3은 폐콘크리트를 현장재활용, 중간처리업체를 통하여 순환골재를 생산하는 경우 발생한 폐콘크리트 만큼, 쇄석골재를 생산하는 경우 발생하는 CO_2 배출량을 비교한 것이다. 중가처리업체는 도심지에서 떨어진 시외지역에 위치하는데 보통 30 km 정도 떨어져 있다. 따라서 운반거리 30 km 기준으로 재활용 방법별 및 쇄석

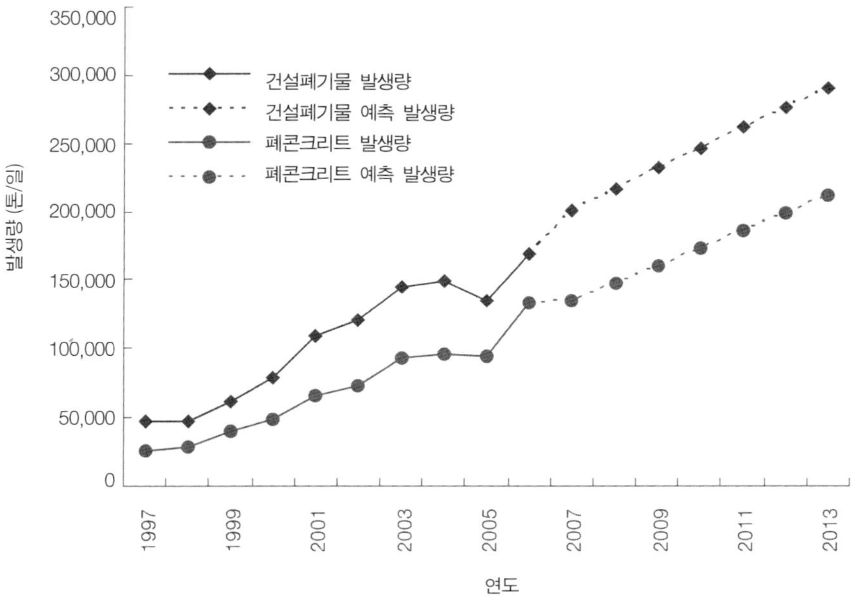

그림 C.2 연도별 건설폐기물 발생량 및 전망

표 C.10 폐콘크리트 발생량에 따른 운행횟수

연도	폐콘크리트 발생량 (1,000 톤/년)	운행횟수 (1,000회)	1일 운행횟수
1997	9,296	1,673	4,583
1998	10,280	1,850	5,068
1999	14,534	2,615	7,165
2000	18,013	3,241	8,880
2001	24,109	4,338	11,885
2002	26,472	4,763	13,050
2003	33,813	6,084	16,670
2004	34,969	6,292	17,239
2005	34,421	6,194	16,969
2006	48,529	8,732	23,924
2007	49,196	8,852	24,253
2008	53,762	9,674	26,504
2009	58,400	10,509	28,790
2010	63,110	11,356	31,112

골재를 생산할 때 배출되는 CO_2양을 비교하면 폐콘크리트를 현장재활용하는 경우가 CO_2 배출량이 가장 적으며, 중간처리업체 및 쇄석골재 생산 시 배출되는 CO_2양은 거의 비슷하다.

표 C.11 폐콘크리트의 현장재활용 및 중간처리업체의 연도별 CO_2 발생량

연도	현장재활용	중간처리업체			
		운반거리(km)			
		5	20	30	40
	CO_2 배출량(단위 : 천 톤)				
1997	126.2	131.7	332.9	467.1	601.2
1998	139.6	145.6	368.1	516.5	664.9
1999	197.3	205.9	520.5	730.2	940.0
2000	244.6	255.1	645.1	905.0	1,165.0
2001	327.3	341.5	863.3	1,211.3	1,559.2
2002	359.4	374.9	948.0	1,330.0	1,712.0
2003	459.1	478.9	1,210.9	1,698.9	2,186.8
2004	474.8	495.3	1,252.3	1,756.9	2,261.6
2005	467.3	487.5	1,232.6	1,729.4	2,226.1
2006	658.8	687.3	1,737.8	2,438.2	3,138.5
2007	667.9	696.8	1,761.7	2,471.7	3,181.7
2008	729.9	761.5	1,925.3	2,701.1	3,477.0
2009	792.9	827.1	2,091.3	2,934.1	3,776.9
2010	856.8	893.8	2,260.0	3,170.8	4,081.5

C.12 폐콘크리트의 현장재활용 및 쇄석골재의 연도별 CO_2 발생량

연도	현장재활용	쇄석골재			
		운반거리(km)			
		5	20	30	40
	CO_2 배출량(단위 : 천 톤)				
1997	126.2	120.8	322.0	456.2	590.4
1998	139.6	133.6	356.1	504.5	652.9
1999	197.3	188.9	503.5	713.2	923.0
2000	244.6	234.1	624.0	884.0	1,144.0

표 계속

연도	현장재활용	쇄석골재			
		운반거리(km)			
		5	20	30	40
	CO_2 배출량(단위 : 천 톤)				
2001	327.3	313.3	835.2	1,183.1	1,531.0
2002	359.4	344.0	917.1	1,299.1	1,681.1
2003	459.1	439.4	1,171.4	1,659.4	2,147.4
2004	474.8	454.5	1,211.4	1,716.1	2,220.8
2005	467.3	447.3	1,192.4	1,689.2	2,185.9
2006	658.8	630.7	1,681.2	2,381.5	3,081.9
2007	667.9	639.3	1,704.3	2,414.3	3,124.2
2008	729.9	698.7	1,862.5	2,638.4	3,414.2
2009	792.9	759.0	2,023.2	2,866.0	3,708.8
2010	856.8	820.2	2,186.3	3,097.1	4,007.9

C.5 맺음말

본 부록에서는 사례현장을 선정하여 폐콘크리트를 재활용하여 순환골재를 생산하는 재활용방법에 따른 CO_2 발생량을 쇄석골재와 비교하였다. 현장재활용 순환골재 생산 시 발생하는 CO_2 배출량은 중간처리업체 및 천연쇄석에 비해 현저히 감소하였다. 골재 생산 시 배출되는 CO_2양에 가장 크게 영향을 미치는 요소는 골재량에 따른 트럭 운행횟수와 운반거리였다. 운반거리를 제외한 CO_2 배출량은 현장재활용 시 22.304 kg/m^3, 중간처리업체 11.414 kg/m^3, 그리고 쇄석골재 9.496 kg/m^{3}였다. 이는 현장재활용 공정의 이동식 파쇄기에 사용되는 연료가 CO_2 배출량이 많은 경유이기 때문이다.

폐콘크리트 발생량에 따라서 매년 트럭 운행횟수가 1997년 4,583회에서 2010년 31,112회로 6.8배 증가할 것으로 예상되며, 증가된 운행횟수만큼 교통량에 영향을 줄 것으로 예상된다. 보통 중간처리업체는 도심지에서 30 km 정도 떨어진 시 외곽에 위치하고 있으며, 이를 기준으로 중간처리업체의 순환골재 및 쇄석골재 생산 시 배출되는 CO_2양은 현장재활용보다 3.5배에 달하였다. 쇄석골재를 생산할 때 CO_2 발생량은 중간처리업체의 순환골재를 생산하는 경우에 비해 적지만 그 차이는 미미하였다.

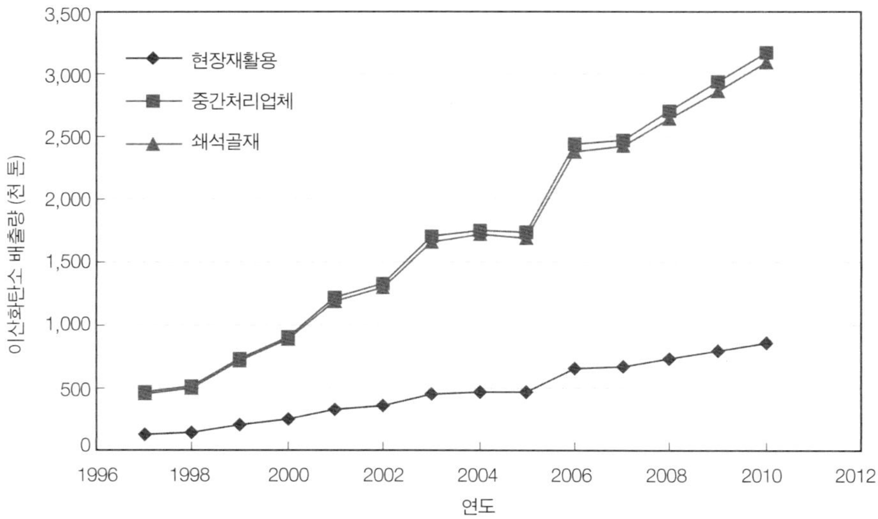

그림 C.3 각 연도별 순환골재의 CO_2 배출량(운반거리 : 30km)

C.6 참고문헌

C-1. Hobbs, G., "Making more efficient use of material resources in Construction." International symposium for the latest developments in the products and techniques of construction waste recycling, Korea Society of Waste Management, Inchon, Korea, 2008, pp.3~11

C-2. Kameda, Y., "The latest developments in construction waste recycling in urban renaissance in Japan." International symposium for the latest developments in the products and techniques of construction waste recycling, Korea Society of Waste Management, Inchon, Korea, 2008, pp.23~38.

C-3. 정종석 외 "폐콘크리트 재활용의 이산화탄소 발생량 분석" 대한건축학회 논문집 Vol.24, 2007, pp.1~10.

C-4. Tam., W.Y. and Tam, C.M., "A review on the viable technology for construction waste recycling." Resources, Conservation and Recycling, Vol. 47, 2006, pp.209~221.

C-5. 한국건설기술연구원, 2006 건설공사 표준품셈, 건설교통부, 2006.

C-6. 이관호 외, "환경비용을 고려한 건물에너지 절약방안의 경제성 분석방법에 관한 연구", 대한건축학회 논문집, Vol.17, 대한건축학회논문집, 2001.
C-7. 한국품질재단, 기후변화협약 실무 및 전문가 양산, 2008.

부록 D 알칼리 활성 콘크리트의 CO_2 평가

D.1 일반사항

보통포틀랜드 시멘트(ordinary portland cement, OPC)의 탄소배출계수는 전 세계 평균값으로서 0.815 톤-CO_2/톤[D-1]으로 평가되고 있다. 반면 콘크리트의 혼화재로 주로 이용되는 고로슬래그(ground granulated blast-furnace slag, GGBS) 및 플라이애쉬(fly ash, FA)는 소성과정을 거친 산업부산물로서, 원자재 생산에서 화학적 반응에 의한 CO_2 배출량은 없으며 분말화 공정 및 포집과정에서 소요되는 에너지에 의한 CO_2양은 매우 낮다.[D-1] 이에 따라 높은 탄소배출계수를 갖는 OPC를 대체하기 위하여 GGBS 또는 FA 등에 알칼리금속이온을 활성화제로 이용하여 수화반응을 유도하는 알칼리 활성(Alkali-Activated, AA) 결합재(지오폴리머 결합재도 알칼리 활성 반응을 기반으로 하므로, 본 부록에서는 AA결합재로 통일한다)에 대한 관심이 1990년대 후반부터 급격히 증가하고 있다.

알칼리 활성 콘크리트의 가장 큰 장점은 OPC 콘크리트에 비해 현저히 낮은 CO_2 배출량이라는 것이 일반적으로 지적되고 있다.[D-2] 하지만 AA 콘크리트에서 저감된 CO_2 배출량에 대한 정량적 평가자료는 매우 미미하다. AA 콘크리트의 압축강도 및 내구성은 사용 활성화제의 종류와 농도에 의해 중요한 영향을 받으며, 주성분이 알루미나와 실리카 성분인 플라이애쉬 또는 메타카올린(metakaolin, MK) 등은 안정적인 반응 유도를 위해 60℃ 이상의 고온양생을 필요로 한다.[D-3] 따라서 OPC 콘크리트에 대한 AA 콘크리트의 CO_2 배출저감량은 목표 강도에 따라 결정되는 활성화제의 종류와 양 그리고 양생조건 등을 고려하여 평가되어야만 한다.

본 부록에서는 AA 콘크리트의 압축강도와 사용 원재료(source material)에 따라 AA 콘크리트의 CO_2 저감량을 각 재료들의 생애주기 원단위(life-cycle inventory, LCI) 데이터를 이용하여 평가하였다. AA 콘크리트의 타설방법은 OPC 콘크리트와 동일하다고 가정하였으므로, 각 구성재료들의 운송, 콘크리트 배합 및 양생과 현장까지의 운송단계까지만 고려하여 CO_2 배출량을 비교하였다. 원재료로서 플라이애쉬 또는 메타카올린을 사용한 AA 콘크리트는 고온양생이 반드시 수반되어야 하므로 이들은 프리캐스트제품으로 현장까지 운송된다고 가정하였다.

D.2 AA 콘크리트의 CO_2 평가 예

전과정 평가는 크게 3단계로 구분된다.[D-4,5] 첫 번째 단계에서 기능단위와 시스템 경계가 정의된다. 두 번째 단계에서는 에너지의 정의와 사용량, 재료 소비 및 폐기물의 양과 CO_2 배출량 등을 포함하는 원단위 데이터가 구축되고, 세 번째 단계에서는 이들 데이터를 이용하여 요구조건에 대한 환경영향을 평가한다.

D.2.1 기능단위 및 시스템 경계

콘크리트 구조물의 전과정 평가 시스템은 그림 D.1에 나타낸 바와 같이 구성재료들의 생산 및 운반, 콘크리트 생산 및 운반, 구조물의 시공, 사용연한 및 폐기 등으로 구성될 수 있다.[D-6] 따라서 전과정 평가에 의한 콘크리트의 CO_2 배출량은 그림 D.1에 나타낸 모든 요소들을 고려해야 하지만, 콘크리트의 타설, 사용연한 및 폐기의 과정에서 배출되는 CO_2양에 대한 원단위의 평가는 구조물의 기능 및 규모에 따라 달라지므로 이에 대한 데이터의 구축이 매우 어렵다. 또한 콘크리트 구조물의 사용연한 동안 탄산화를 통해 흡수되는 CO_2양도 고려될 필요가 있지만 공기에 노출된 콘크리트 면적 및 CO_2 농도 등의 평가가 필요하므로 무시하였다. 즉, 본 부록에서 고려된 시스템은 요람에서부터 현장에서의 타설 직전까지의 단계로서 구성재료, 운반, 콘크리트 생산 등에서 배출되는 CO_2양을 포함하였다.

본 연구에서 고려된 시스템은 구조물의 사용연한을 고려하지 않기 때문에 내구성도 포함하지 않는다. 더구나 콘크리트는 일반적으로 1 m^3 단위로 주문과 생산이 이루어진다. 따라서 본 CO_2 평가에서 고려된 콘크리트의 기능단위는 1 m^3이다.

콘크리트의 기능단위에 대한 각 재료의 출구에서부터 콘크리트 시공 전 단계까지의 시스템에서 배출된 전체 CO_2양(C_d)은 다음에 의해 산정될 수 있다.

$$C_d = CO_{2-M} + CO_{2-T} + CO_{2-P} \tag{D.1}$$

여기서, CO_{2-M}는 시멘트, 각 혼화재, 골재, 물 및 혼화제 (감수제)를 포함하는 재료단계에서의 CO_2 배출량이며, CO_{2-T}는 각 재료 및 생산된 콘크리트의 운반단계에서의 CO_2 배출량이며, CO_{2-P}는 공장에서 콘크리트 배합을 위해 소비되는 전력으로부터 산정된 생산단계에서의 CO_2 배출량이다.

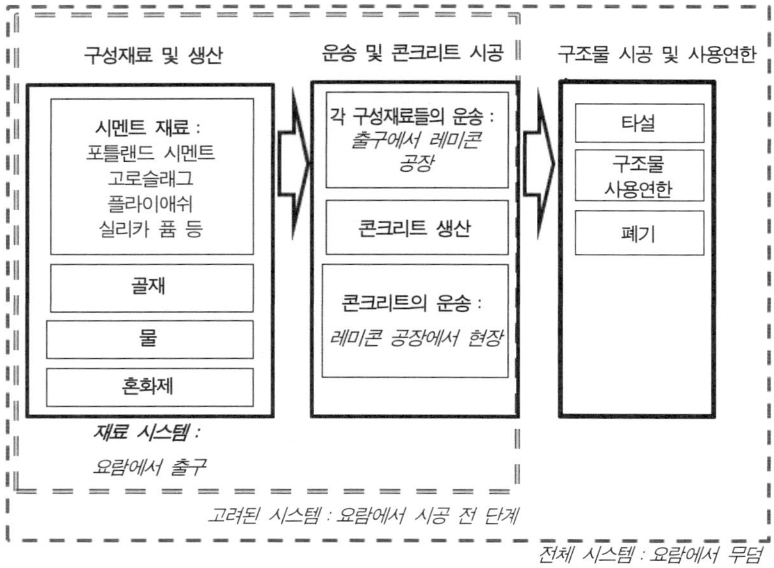

그림 D.1 콘크리트 생애주기

재료단계인 CO_{2-M}은 다음 식에 의해 산정된다.

$$CO_{2-M} = \sum_{i=1}^{n}(W_i \times CO_{2(i)-LCI}) \tag{D.2}$$

여기서, i는 콘크리트 생산을 위해 이용된 각 재료들이며, n은 이들 재료들의 수이며, W_i와 $CO_{2(i)-LCI}$는 각각 재료 i의 단위질량(kg/m^3)과 CO_2 배출계수(CO_2-kg/kg)이다. 운반단계에서의 CO_2 배출량인 CO_{2-T}는 다음과 같이 산정된다.

$$CO_{2-T} = \sum_{i=1}^{n}(W_i \times D_i \times CO_{2(i)-LCI(TR)}) + D_B \times CO_{2-LCI(TR-con)} \tag{D.3}$$

여기서, D_i는 재료 i의 출구에서 레미콘 공장까지의 운반거리(km)이며, $CO_{2(i)-LCI(TR)}$은 운반수단의 CO_2 배출계수(CO_2-kg/km · kg)이며, D_B는 콘크리트의 공장에서 현장까지의 운반거리(km)이며, $CO_{2(i)-LCI(TR-con)}$은 레미콘 차량의 CO_2 배출계수(CO_2-kg/km · kg)이다. 운반단계에서의 CO_2 배출량을 산정하기 위하여 레미콘 공장의 위치는 서울 방배동으로 가정하였다. 콘크리트를 구성하는 각 재료들의 레미콘 공장까지의 운송거리는 가능한 최대거리를 가정하였다. 결합재로서 FA 및 MK를 이용한 AA 콘크리트는 고온양생을 고려한 CO_2 배출량을 산정하며, 운송 시 레미콘 차량이 아닌 프리캐스트제품으로 운송됨을 가정하였다.

D.2.2 LCI 데이터베이스

LCI 데이터는 기온, 에너지원 및 천연자원의 차이에 따라 각 나라에 따라 상이하므로, 자국에서 제공되는 원단위를 이용하는 것이 가장 바람직하다. 우리나라는 국토해양부, 환경부, 지식경제부에서 물질 및 부품제조, 가공공정, 수송, 사용 및 폐기활동 등에 대하여 약 400여 개의 LCI 데이터베이스를 구축하고 있다. 이 중 건설활동에 관련된 데이터는 약 66여 개로서 일본 및 선진국에 비해 적은 상황이다. 본 연구에서 고려된 그림 D.1의 시스템에서 각 재료 및 운반에 대한 LCI는 기본적으로 국내 데이터[D-7]를 이용하였다. 비록 LCI 데이터는 기온, 에너지원 및 천연자원의 차이에 따라 각 나라에 따라 상이하지만, 아직 데이터가 구축되지 않은 재료에 대해서는 일본토목학회[D-8]의 자료를 이용하였다.

결합재로서 FA 및 MK를 이용한 AA 콘크리트의 양생 시 CO_2 배출계수는 사용에너지, 소요온도와 지속시간 등에 따라 변하는데, 이에 대한 적절한 데이터를 얻기 힘들기 때문에 일본토목학회에서 제시하는 스팀양생의 배출계수를 따랐다. 콘크리트 생산단계에서의 CO_2 배출량인 CO_{2-P}는 플랜트 가동을 위해 소비되는 전력, 유류, 가스양 등으로부터 평가될 수 있으며, 계절에 따라 다소 변동이 있다. 콘크리트 플랜트의 CO_2 배출계수에 대한 국내 LCI 데이터베이스는 아직 마련되지 않았기 때문에 이 역시 일본토목학회에서 제시하는 데이터 목록을 이용하였다.

D.2.3 CO_2 산정 예

콘크리트 설계강도가 24 MPa, 40 MPa 및 70 MPa일 때의 사용 결합재에 따른 전형적인 배합 및 양생 상세를 표 D.1에 나타내었다.[D-9] AA MK 콘크리트의 경우 유용한 실험결과의 부재로 압축강도 24 MPa만 나타내었다. 혼화재로서 GGBS와 FA가 첨가된 OPC 콘크리트는 S레미콘사에서 적용하고 있는 전형적인 배합표다. 표 D.1에 나타낸 콘크리트 압축강도가 40 MPa일 때 재료들의 배합과 운송, 그리고 콘크리트의 양생을 고려한 CO_2 평가절차의 예를 표 D.2와 표 D.3에 나타내었다. GGBS와

FA가 첨가된 OPC 콘크리트 배합에서 콘크리트 1 m³ 생산을 위한 재료 및 생산단계의 CO_2 배출량은 370.8 kg이며, 콘크리트 생산을 위한 각 재료의 운송 및 결과물인 콘크리트 운송과정에서 배출되는 CO_2양은 31.6 kg으로 평가될 수 있었다. 반면에 AA FA 콘크리트의 재료 및 생산단계에서 배출되는 CO_2양은 127.2 kg으로서 혼화재가 치환된 OPC 콘크리트에 비해 약 65 %가 절감된 양이다. 하지만 운반과 양생을 고려하였을 때 AA FA 콘크리트의 CO_2 배출량은 OPC 콘크리트에 비해 55 % 절감되는데, 이 값은 양생으로부터 배출되는 CO_2양을 매우 보수적으로 평가한 것이다. 또한 활성화제로서 NaOH(1.232 kg-CO_2/kg) 대신 Ca(OH)2(0.517 kg-CO_2/kg)를 사용하면 생산단계에서 AA FA 콘크리트의 생산단계에서 배출되는 CO_2양은 74.4 kg으로서 현저히 감소한다. 이와 같이 AA FA 콘크리트의 CO_2 배출량은 사용 활성화제와 양생방법에 의해 매우 중요한 영향을 받는다.

표 D.1 결합재 종류 및 설계압축강도에 따른 콘크리트 배합상세

시멘트계 재료	f_{ck} (MPa)	단위용적 중량 (kg/m³)								W/B	활성화제 (kg/m³)			양생 방법
		OPC	FA	GGBS	MK	잔골재 *	굵은골재 *	물	혼화제 **		Ca $(OH)_2$	Na_2SiO_3	NaOH$	
OPC	24	280	–	–	–	767	1214	168	–	0.6	–			대기 양생
	40	479	–	–	–	572	1106	191	0.5	0.4				
	70	540	–	–	–	666	991	172.8	5.4	0.32				
OPC + SCM#	24	291	51	–	–	829	930	178	1.7					
	40	361	23	68	–	805	918	163	3.1					
	70	435	56	210	–	670	822	163	5.25					
AA GGBS	24	–	–	540	–	700	849	185	5.06	0.3	46.2	6.2	–	
	40	–	–	648	–	619	814	185	9.62	0.25	55.5	7.4	–	
	70	–	–	677	–	572	752	185	12.6	0.22	63.1	100	–	
AA FA	24	–	400	–	–	781	1035	62.4	–	0.13	–	–	58	스팀 양생 : 85°C/ 24h
	40	–	469	–	–	623	935	112	–	0.2	–	–	75	
	70	–	630	–	–	551	731	115	–	0.15	–	–	106	
AA MK	24	–	–	–	411.1	759	998	185	–	0.20	–	–	62	

: 혼화재(supplementary cementitious material)가 OPC에 첨가된 결합재임.
* : 잔골재와 조골재는 각각 바다모래와 쇄석을 사용을 가정하였음.
** : 혼화제는 폴리카르본산계 고성능 감수제임.
$: 농도 10~12 mol의 수산화나트륨 수용액을 분말의 수산화나트륨으로 환산하였음.

표 D.2 OPC+SCM 결합재를 이용한 콘크리트의 CO_2 평가절차 ($f_{ck}=40\,MPa$)

기능단위 (FU) : m^3	재료 및 생산단계			운송단계		
	A	B	A·B	D***	E	A·D·E
항목	$\frac{kg}{FU}$	$\frac{CO_2-kg}{kg}$	$\frac{CO_2-kg}{FU}$	km	$\frac{CO_2-kg}{kg \cdot km}$	$\frac{CO_2-kg}{FU}$
OPC*	361	0.944	340.8	277	$5.18 \cdot 10^{-5}$	5.179
GGBS*	68	0.0265#	1.802	339	$5.18 \cdot 10^{-5}$	1.194
FA*	23	0.0196#	0.451	322	$5.18 \cdot 10^{-5}$	0.384
모래	805	0.0026$	2.093	47	$6.3 \cdot 10^{-5}$	2.38
굵은골재	918	0.0075$	6.885	37.6	$6.3 \cdot 10^{-5}$	2.17
물**	163	0.000196	0.032	-	-	-
혼화제	3.1	0.25#	0.775	70.6	$2.21 \cdot 10^{-4}$	0.048
콘크리트	2341	0.008#	17.97	30	$0.674 \frac{CO_2-kg}{m^3 \cdot km}$	D·E=20.22
		총계	370.8		총계	31.58
표준양생	-			-		
합계 = 402.4 CO_2 - kg/FU						

* 결합재로 이용되는 시멘트계 재료들은 모두 벌크로 운송됨을 가정.
** 물은 한강수를 기준으로 함.
*** 각 재료의 운반거리는 국내의 원산지에서 레미콘 공장까지 가능한 가장 먼 거리로 추정함.
# 일본토목학회의 LCI DB를 이용함.
$ 골재의 기능단위인 m^3를 단위용적 중량으로 나누어 kg으로 환산하였으며 운반은 15톤 덤프트럭에 의함.

표 D.3 AA FA 콘크리트의 CO_2 평가절차 ($f_{ck}=40$ MPa)

기능단위 (FU) : m^3	재료 및 생산단계			운송단계		
	A	B	A·B	D	E	A·D·E
항목	$\frac{kg}{FU}$	$\frac{CO_2-kg}{kg}$	$\frac{CO_2-kg}{FU}$	km	$\frac{CO_2-kg}{kg \cdot km}$	$\frac{CO_2-kg}{FU}$
FA	469	0.0196	9.192	322	$5.18 \cdot 10^{-5}$	7.823
모래	623	0.0026	1.62	47	$6.3 \cdot 10^{-5}$	1.84
굵은골재	935	0.0075	7.01	37.6	$6.3 \cdot 10^{-5}$	2.21
물	112	0.000196	0.0219	–	–	–
수산화나트륨	75	1.232	92.4	30	$2.21 \cdot 10^{-4}$	0.71
콘크리트	2214	0.008	17	30#	$5.18 \cdot 10^{-5}$	3.44
		총계	127.25		총계	16.04
양생*	스팀양생 (85℃/24h) : 38.5 CO_2−kg/m^3					
합계 = 181.78 CO_2−kg/FU						

* 양생에 대한 CO_2 계수는 일본토목학회의 값을 이용하였지만, 양생시간 등에 대한 정확한 정보가 없어서 기능단위를 1일로 가정함.
# 18~23톤 트럭을 이용한 프리캐스트제품의 운송을 고려함.

D.2.4 결합재 종류에 따른 콘크리트 CO_2 배출량 비교

표 D.1에 나타낸 각 콘크리트에서 재료, 제조, 운반 및 양생을 고려하여 국가 LCI 데이터베이스에 기반을 둔 CO_2 배출량의 비교를 그림 D.1에 나타내었다. OPC에 기반을 둔 콘크리트는 결합재에서 배출되는 CO_2양이 전체 CO_2 배출량의 85 % 이상을 차지하며, 재료 및 완성제품의 운반으로 배출되는 CO_2 배출량은 전체의 7 % 정도였다. 골재에서 재료 및 수송에 의한 CO_2 배출량은 상당히 낮은 점유율을 보였다. OPC 기반 콘크리트에서 감수제의 CO_2 배출량은 전체의 0.2 % 이하였다. 한편, AA 콘크리트의 경우 알칼리 활성화제를 포함하는 결합재의 CO_2양은 OPC에 비해 현저히 낮지만 생산단계에서의 CO_2 배출량은 사용 활성화제에 의해 주된 영향을 받았다.

일반적으로 콘크리트의 CO_2 배출량은 결합재의 종류와 관계없이 압축강도 증가와 함께 증가하였다. 콘크리트 압축강도가 24 MPa에서 70 MPa로 증가할 때 CO_2 배출량의 증가는 1) OPC 콘크리트의 경우 247 kg으로서 이는 약 1.7배 증가한 값이며, 2) 혼화재가 치환된 OPC 콘크리트의 경우 147 kg으로서 이는 약 1.44배 증가한 값이며, 3) AA GGBS의 경우 140 kg으로서 이는 약 2.2배 증가한 값이다. AA 콘크리트의 전체 CO_2 배출량은 활성화제의 종류 및 양생방법에 의해 중요한 영향을 받았다.

동일 압축강도를 갖는 콘크리트의 CO_2 배출량을 OPC 결합재를 사용한 콘크리트의 CO_2 배출량으로 무차원한 값들을 그림 D.2에 나타냈다. 혼화재가 치환된 OPC 콘크리트는 콘크리트 압축강도가 40 MPa 이상일 때 OPC 콘크리트에 비해 약 20 %의 CO_2 저감률을 보였다. AA GGBS 콘크리트의 CO_2는 OPC 콘크리트에 비해 콘크리트 압축강도가 24 MPa일 때 약 60 %, 40 MPa일 때 약 70 %, 압축강도가 70 MPa일 때 약 60 % 감소되었다. AA FA 콘크리트의 CO_2는 OPC 콘크리트에 비해 콘크리트 압축강도가 40 MPa 이하일 때 약 60 % 감소되었다. OPC 콘크리트에 대한 AA 콘크리트의 CO_2 저감률은 소요 압축강도에 대해 사용 활성화제 및 양생방법에 의해 다소 변동이 있지만, 일반적으로 50～70 % 범위에 있다고 판단된다.

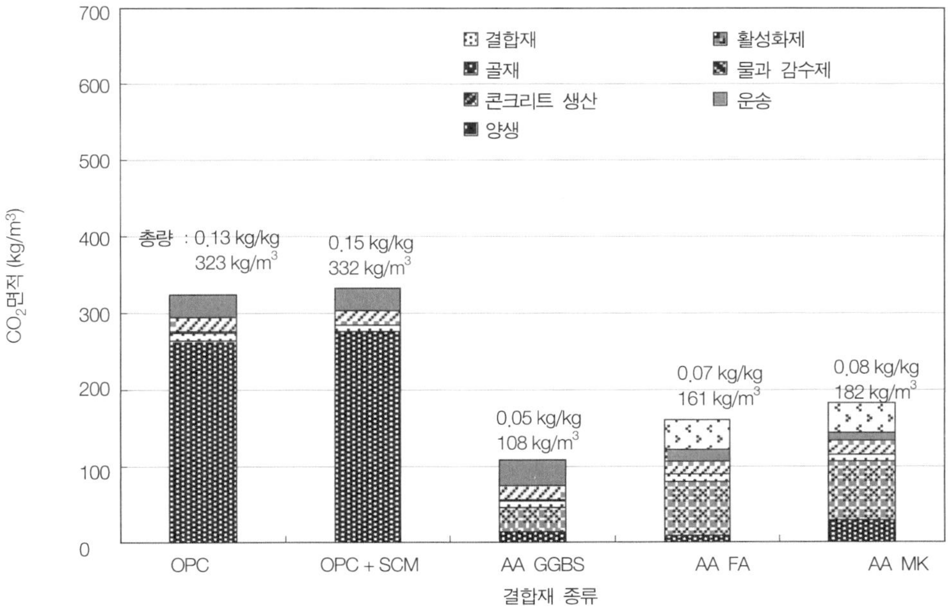

(a) 압축강도 f_{ck} : 24MPa

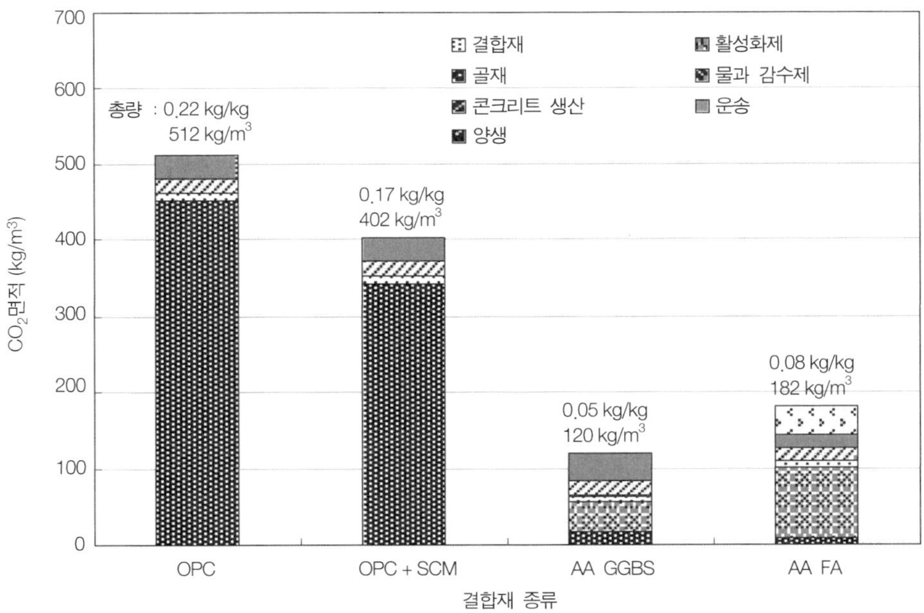

(b) 압축강도 f_{ck} : 40MPa

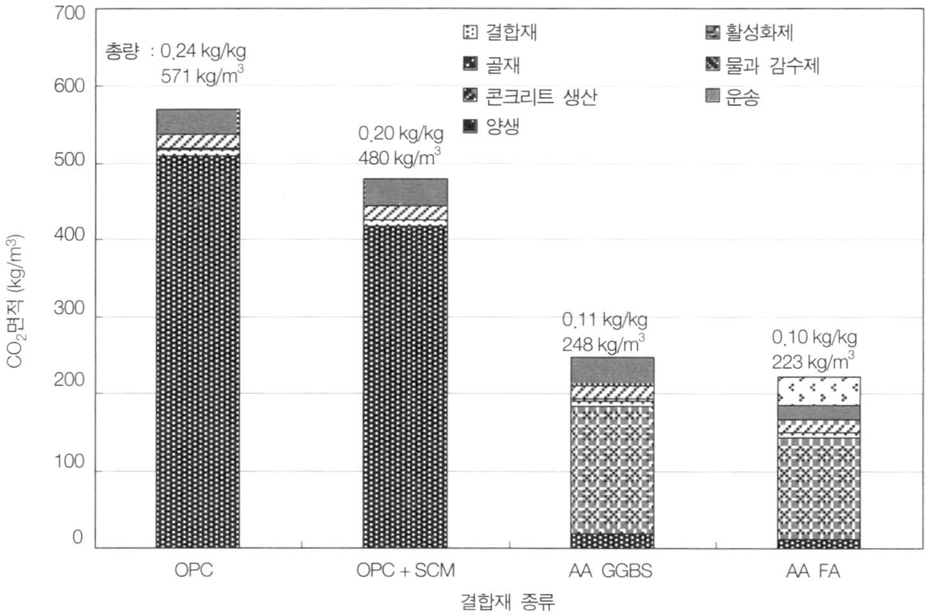

(c) 압축강도 f_{ck} : 70MPa

그림 D.1 결합재 종류에 따른 콘크리트 CO_2양의 비교

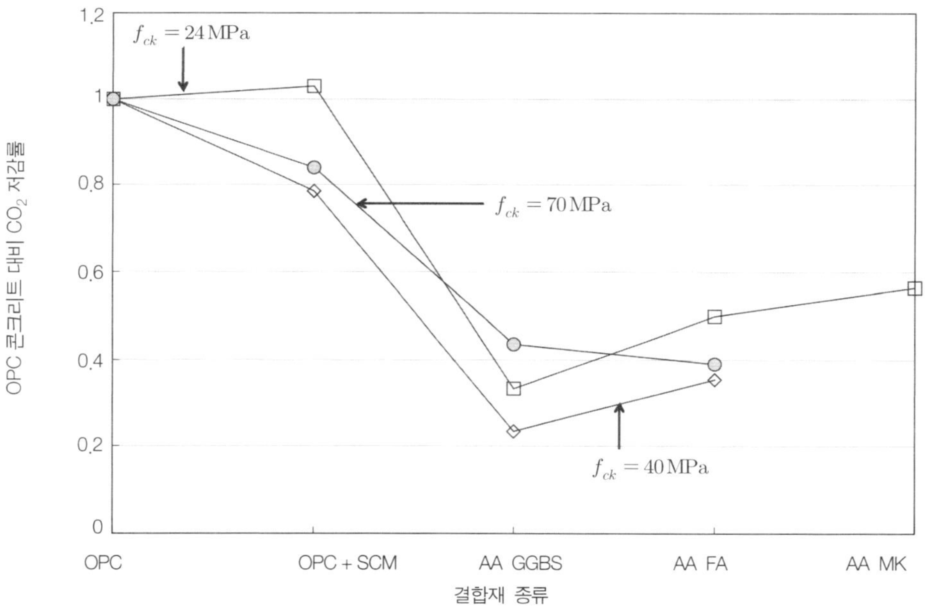

그림 D.2 OPC 콘크리트에 대한 AA 콘크리트의 CO_2 저감률

D.3 맺음말

본 부록에서는 국가 LCI 데이터베이스에 기반을 두어 OPC 콘크리트에 대한 AA 콘크리트의 CO_2 저감률을 평가하였다. OPC 콘크리트에 대한 AA 콘크리트의 CO_2 저감률은 소요 압축강도에 대해 사용 활성화제 및 양생방법에 의해 다소 변동이 있지만 일반적으로 50~70% 범위에 있었다. 특히 플라이애쉬 또는 메타카올린을 원재료로 사용한 AA 콘크리트의 경우 양생에 의한 CO_2 배출량이 중요하므로 양생 온도와 양생실 면적에 따른 에너지원과 에너지 소비량이 정확하게 측정될 필요가 있었다.

D.4 참고문헌

D-1. Gartner, E., "Industrially interesting approaches to 'low-CO_2' cements", Cement and Concrete Research, V. 34, No. 9, 2004, pp.1489~1498.

D-2. Duxson, P., Provis, J. L., Lukey, G. C., van Deventer, J. S. J., "The role of inorganic polymer technology in the development of 'green concrete'", Cement and Concrete Research, V. 37, 2007, pp.1590~1597.

D-3. Duxson, P., Fern ndez-Jim nez, Provis, J. L., Lukey, G. C., Palomo, A., and van Deventer, J. S. J., "Geopolymer technology : the current state of the art", Journal of Material Science, V. 42, 2007, 2917-33.

D-4. ISO, Environmental management-life cycle assessment-principles and framework, ISO 14040, International Standardization Organization (ISO), 2006.

D-5. 양근혁 · 문재흠, "콘크리트 CO_2 저감을 고려한 혼화재 및 단위 결합재 양의 설계", 한국콘크리트학회논문집, 24권 5호 2012, pp.597~604.

D-6. Yang, K. H., Song, J. K., and Song, K. I., "Assessment of CO_2 reduction of alkali-activated concrete", Journal of Cleaner Production, V. 39, No. 1, 2013, pp.265~272.

D-7. 한국환경산업기술원, 국가 LCI 데이터베이스 정보망, http://www.edp.or.kr.

D-8. Sakai, K., and Kawai, K., "JSCE Guidelines for Concrete No. 7; Recommendation of environmental performance verification for concrete structures", JSCE, 2006.

D-9. 양근혁 · 송진규, "고로슬래그 기반 지오폴리머 콘크리트의 구조적 특성 및 실용화 사례", 전산구조공학, 24권 1호, 2011, pp.26~30.

부록 E 미국에서의 콘크리트 배합에 대한 CO_2 평가

E.1 일반사항

본 부록에서 제시하는 예제에서는 미국의 포틀랜드시멘트협회(Portland Cement Association, PCA)에서 2007년에 수행하였던 콘크리트 전과정 CO_2 평가절차 및 결과를 간략하게 소개하였다. 본 부록은 PCA가 2007년에 출판한 원문[E-1]을 간략하게 요약한 것임을 밝힌다.

총 3가지 종류의 콘크리트(레디믹스트 콘크리트, 콘크리트 벽돌, 그리고 프리캐스트 콘크리트)에 대하여 평가가 이루어졌으며, 본 부록에서는 레디믹스트 콘크리트와 프리캐스트 콘크리트에 대해서만 보고하였다. 평가절차는 기존 2000년과 2002년에 수행하였던 LCI DB에 기반을 두고 있으나, 2007년의 분석은 2006년에 새롭게 업데이트된 데이터를 사용하였기 때문에 보다 의미가 있다.

플랜트에서의 연료와 전기 사용에 관한 것은 2006년에 실시된 Confidential LCI Survey를 통해서 얻어진 데이터를 근거로 분석한 것이고, 그 밖의 데이터는 역시 2006년에 업데이트된 포틀랜드시멘트 제조의 LCI[E-2] 값을 근거로 분석하였다. 특히 이 새로운 분석에서는 대기로의 CO_2 배출뿐만 아니라 땅과 물로의 CO_2 배출을 고려하였는데, 특히 대기로의 CO_2 배출을 더욱 자세히 분석하였다. 또한 2007년의 평가는 2006년의 평가에 비해 에너지 효율성 증가, 새로운 플랜트 건설 및 보수, 그리고 데이터의 정확성 증가 등의 장점을 살릴 수 있었다. 이렇듯 2007년의 평가는 기존의 LCI 평가와 비교하여 그 의미가 크다. 결과적으로 CO_2 배출량도 2000년대 초기와 비교하여 다소 저감되었음을 알 수 있다. 예를 들면, 20 MPa 레디믹스트 콘크리트의 경우 에너지 사용량과 CO_2 배출량이 각각 30 %와 7 % 감소한 것으로 평가되었다. 그러나 50 MPa 프리캐스트 콘크리트의 경우 에너지 사용량과 CO_2 배출량은 2000년 초기와 비교하여 큰 변화가 없었다. 그 이유는 2000년대 초기에는 프리캐스트 플랜트에서의 소모치가 반영되지 않았기 때문이다.

E.2 미국에서의 일반 콘크리트의 CO_2 평가 예

E.2.1 예제에서 적용된 평가절차 및 문헌

본 부록에서는 포틀랜드 시멘트 콘크리트가 사용된 레디믹스트 콘크리트와 프리캐스트 콘크리트의 여러 가지 배합에 대해 전과정 CO_2 평가를 하였다. 통상적으로 콘크리트에 사용되는 시멘트양은 전체 무게의 7 %에서 15 % 정도이기 때문에 시멘트 LCI 데이터베이스라는 용어는 맞지 않으며 콘크리트 LCI 데이터베이스라 칭하는 것이 바람직하다. 본 부록에서 시멘트란 포틀랜드 시멘트를 일컫는다. 따라서 슬래그 시멘트라고도 불리는 고로슬래그는 시멘트가 아닌 시멘트를 대체하는 결합재(supplementary cementitious materials, SCM 또는 Binder)로 분류되었다. 플라이애쉬, 고로슬래그, 실리카 퓸 등이 이에 포함된다. 본 부록의 LCI 분석은 ISO 14040 [E-3], ISO 14041[E-4], 그리고 ISO 14044[E-5]에 의거하여 수행되었고 적용된 시스템 경계는 그림 E.1에 나타내었다.

한편, ISO 14041[E-4]에 의거하여 다음의 외부적인 요건은 LCI 평가에 포함되지 않았다.

(1) 콘크리트 플랜트 건설비용
(2) 운송에 따르는 SOC 건설비용
(3) 투입되는 노동에 관련된 추가 영향
(4) 각종 시멘트 대체 철강부산물 생산관련 비용
(5) 연료와 전기 자체의 생산비용
(6) 구조물에 따른 철근, 강선, FRP, 강섬유 등의 종류와 양

예제에 적용된 LCI 데이터베이스는 표 E.1에 정리되어 있다. 참고로 새로 건설된 플랜트의 경우 기존 플랜트와 비교하여 탄소 배출이 적기 때문에 신 플랜트의 경우 구 플랜트의 수치를 일괄적으로 적용하지는 않았다.

미국 골재의 경우 약 74 %가 자연채석 모래 및 자갈이고 26 % 정도는 파쇄를 통해 얻은 골재이다. 그러나 조사의 부족으로 LCI 데이터베이스에서는 위의 2가지 골재에 대하여 특별히 구분하지는 않았다. 본고의 예제에서는 그림 E.2에 나타나 있듯 임의로 적절히 혼용되었다고 가정하였다.

본 예제는 U.S. Census Bureau와 U.S. Geological Survey의 값(골재생산과정에서 필요한 평균적인 에너지 값)을 기반으로 분석되었다. 이러한 값은 기존의 미국 데이터들과 함께 그림 E.3에 나타내었다. 혼화재료의 경우 전체 질량의 1% 미만이기 때문에 The Society of Environmental Toxicology and Chemistry(SETAC) 가이드라인[E-6]에 의거하여 LCI 평가에 포함하지 않았다.

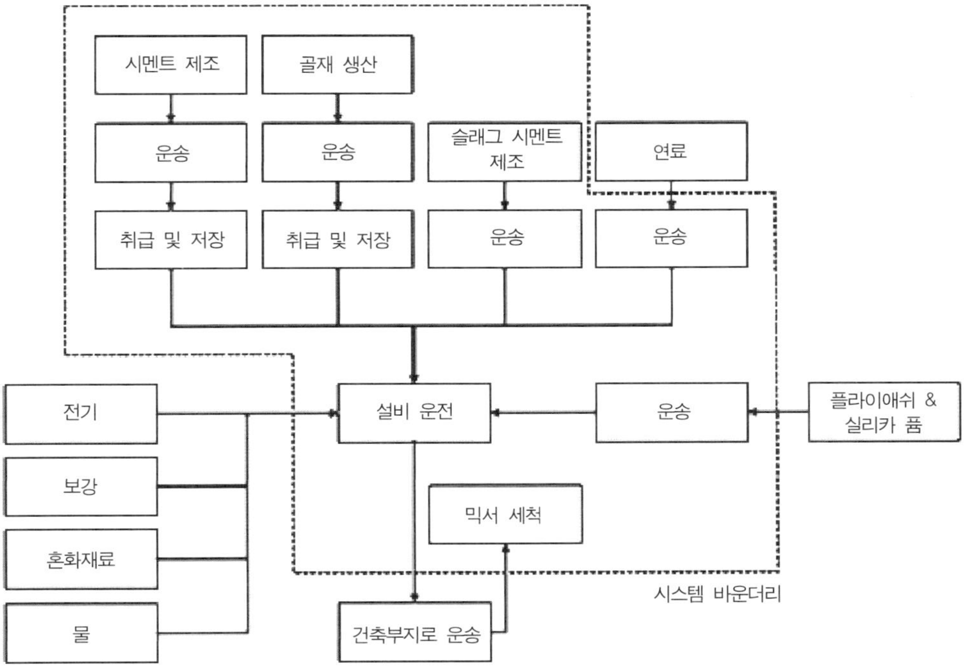

그림 E.1 본고의 LCI 평가에 적용된 시스템 경계[E-1]

표 E.1 예제에 적용된 LCI 데이터베이스의 출처

배출원	참고자료
운반	U.S Life Cycle Inventory Database (NREL on-going) and U.S Environmental Protection Agency (EPA, 2003)
이동식 장비	
비포장도로	National Stone Association (Richards and Brazell, 1996)
채석과정	U.S Environmental Protection Agency emission factors (EPA, 2004a, 2004b)
콘크리트 플랜트 운용	U.S Environmental Protection Agency emission factors (EPA, 2004c)
고형 폐기물	Confidential LCI Survey (Marceau et al., 2006a, 2006b)
교통수단과 거리	United States (USCB, 2004a) and Waterborne Commerce of the United States (USACOR, 2003)
수송에너지 강도 인자	United States (USCB, 2004b) and Transportation Data Book (Davis and Diegel, 2004)
시멘트	LCI of Portland Cement Manufacture (marceau et al.) and U.S and Canadian Labor-Energy Input Survey 2003 (PCA, 2005)
SCM 또는 결합재	LCI of Pavement Concrete and Mass Concrete for Transportation Structures Containing Slag Cement (Marceau et al., 2005)

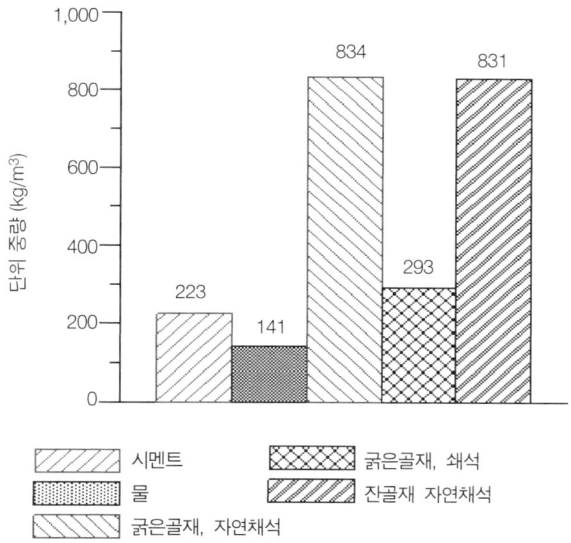

그림 E.2 예제에 사용된 배합설계 표본(레디믹스트 #3)

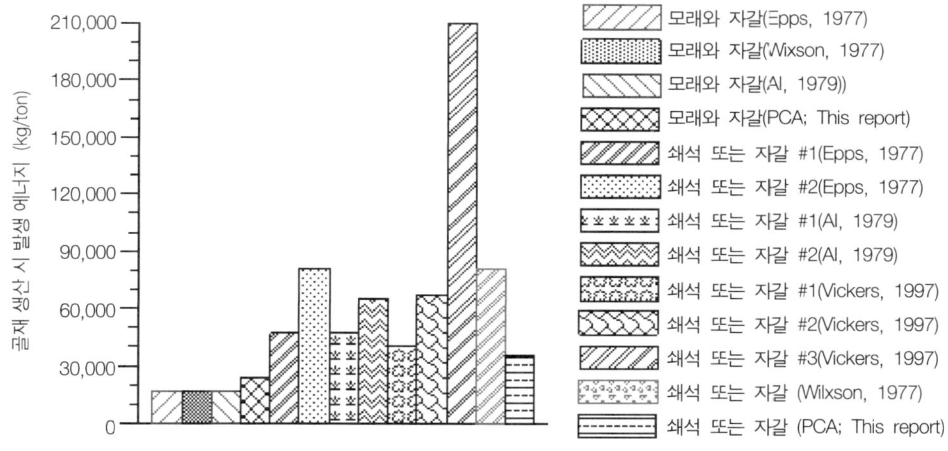

그림 E.3 건설골재 생산 시의 사용 에너지양에 관한 여러 가지 데이터

E.2.2 레디믹스트 콘크리트의 에너지 및 CO_2 평가절차

전미 레디믹스트콘크리트협회에서 지정하는 플랜트 47개소의 데이터가 데이터베이스에 포함되었고, 지정된 플랜트에 대하여 Confidential LCI Survey를 실시하여 2006년에 데이터베이스를 형성하였다. 총 47개소의 플랜트는 미국 내 기후나 규모를 고려하여 고루 지정되었다. 단, 각 플랜트의 데이터는 공개하지 않고 총데이터만을 공개하였다. 플랜트에서 소모되는 에너지 사용량은 Marceau et al.[E-1]의 자료를 바탕으로 책정되었고, 물의 경우 26개소 플랜트만의 응답을 바탕으로 형성된 데이터를 사용하였는데 평균 65 L/m^{3}의 양이 사용되는 것으로 조사되었다. 반면 43개소 플랜트의 응답에 의하면, 폐기물의 경우에는 매우 적은 양(24 kg/m^3)이 폐기처리되는 것으로 나타났는데, 이는 미국 내 폐기물의 매립비용이 워낙 높기 때문이었다.

본 예제에서는 28일 재령 콘크리트 강도(20에서 35 MPa)와 플라이애쉬 시멘트 대체율(0에서 25 %) 또는 고로슬래그의 시멘트 대체율(0에서 50 %)을 기준으로 총 7개의 배합상세에 대하여 전과정 평가를 수행하였다. 배합상세는 플라이애쉬와 고로슬래그 등 결합재(SCM 또는 Binder)의 사용에 따른 CO_2 배출량 또는 에너지 사용량과의 상관관계를 알아보는 데 중점을 두었다. 또한 미국에서는 약 90 % 이상의 레디믹스트 콘크리트가 20 MPa 강도로 설계하는데 이를 또한 고려하였다. 자세한 정보는 표 E.2에 나타나 있다. 배합과 상관없이 콘크리트 무게는 약 2,350 kg/m^{3}로 거의 일정하다.

표 E.2 레디믹스트 콘크리트에 대한 배합설계 예제

콘크리트 배합상세	레디믹스트 #1	레디믹스트 #2	레디믹스트 #3	레디믹스트 #4	레디믹스트 #5	레디믹스트 #6	레디믹스트 #7
28일 재령 압축강도 (MPa)	35	25	20	20	20	20	20
플라이애쉬 (%)	0	0	0	20	35	0	0
슬래그 시멘트 (%)	0	0	0	0	0	35	50
단위중량 (kg/m^3)	2,370	2,380	2,320	2,320	2,320	2,320	2,320
원재료 (kg/m^3)							
시멘트	335	279	223	179	167	145	112
플라이애쉬	0	0	0	44	56	0	0
슬래그 시멘트	0	0	0	0	0	78	112
물	141	141	141	141	141	141	141
굵은골재	1,187	1,187	1,127	1,127	1,127	1,127	1,127
잔골재	712	771	831	831	831	831	831
총 계	2,374	2,377	2,321	2,321	2,321	2,321	2,321

총 7개의 레디믹스트 콘크리트 배합 예제의 전과정 평가결과는 원문[E-1]의 부록에 자세히 나타나 있다. 본 부록에서는 평가결과를 간략히 요약하였다. 각 배합의 에너지 사용량 측면에서의 비교는 그림 E.4에 나타내었다. 레디믹스트 #1에서 #3은 기타 조건이 똑같고 콘크리트 설계기준압축강도만이 다른 배합이었는데, 역시 콘크리트 설계기준압축강도에 비례하여 시멘트양이 증가하였다. 따라서 레디믹스트 #1의 에너지 사용량이 가장 많았고 레디믹스트 #3의 에너지 사용량이 가장 적었다. 그 밖에 레디믹스트 #3에서 시멘트의 일정량을 플라이애쉬나 고로슬래그를 대체한 배합(레디믹스트 #4에서 #7)은 그림 E.4에 나타내었듯이 4가지 배합 모두 에너지 사용량이 급격히 저감되었다. 특히 고로슬래그의 사용은 에너지 저감 측면에서 매우 효과적이었다. 약 1%의 시멘트를 대체하는 결합재(SCM 또는 Binder)가 사용될 때 약 1%의 에너지 저감효과가 있었다. 통상적으로 시멘트 제조과정에서 에너지 사용이 가장 많은데, 결합재(SCM 또는 Binder)가 혼입되지 않은 20 MPa 강도 콘크리트(레디믹스트 #1)의 경우 전체 에너지의 85%가 시멘트 제조과정에서 소모되었다. 그 밖에 콘크리트 플랜트와 골재생산과정에서 약 4%의 에너지가 소모되었고 운송과정에서 7%의 에너지가 소모되었다.

이산화탄소 배출 측면의 분석결과는 그림 E.5에 나타내었다. 소성화(calcination)

과정에서의 CO_2 배출은 전체 배출량(또는 시멘트 제조과정에서의 배출량)의 약 60%이다. 시멘트 제조과정에서의 CO_2 배출량은 0.309 kg/m^3 ~ 0.926 kg/m^3이고, 골재 생산과정에서의 CO_2 배출량은 약 0.2 kg/m^3이다. 분석결과 레디믹스트 콘크리트 CO_2 배출량은 시멘트양에 비례하였는데, 20 MPa 강도의 고로슬래그를 50 % 혼입한 콘크리트 배합(레디믹스트 #7)의 경우에 CO_2 배출량이 112 kg/m^3에 불과하였다. 반면에 35 MPa 강도의 결합재(SCM 또는 Binder)를 혼입하지 않은 콘크리트 배합(레디믹스트 #1)의 경우에는 313 kg/m^3로 약 3배 많았다. 즉, LCI 평가결과 CO_2 배출량은 시멘트양과 시멘트 제조과정에서 배출되는 CO_2 데이터 값에 절대적으로 비례하였다.

E.2.3 프리캐스트 콘크리트의 사용 에너지 및 CO_2 평가절차

프리캐스트 콘크리트의 전과정 평가 역시 레디믹스트 콘크리트와 비슷하였다. 프리캐스트 플랜트에서는 콘크리트부재 제작 및 양생과정이 추가된다. 이들도 역시 Confidential LCI Survey를 통해 2006년에 데이터가 마련되었는데, Precast/Prestressed Concrete Institute (PCI)에 가입되어 있는 총 15개의 플랜트의 데이터가 사용되었다. 프리캐스트 플랜트 또한 기후나 규모를 고려하여 고루 선정되었고, 각 플랜트의 데이터는 공개되지 않고 총데이터만을 공개하였다. 레디믹스트 콘크리트와 마찬가지로 플랜트에서 소모되는 에너지 산정을 위해 Marceau et al.[E-1]의 자료를 이용하였다. 물은 평균 24 L/m^3가 사용되는 것으로 폐기물은 76 kg/m^3로 조사되었다.

예제에서는 3가지 프리캐스트 콘크리트 배합설계에 대해서 전과정 평가를 실시하였다. 첫 번째와 두 번째 예제(프리캐스트 믹스트 #1과 #2)는 각각 50 MPa과 70 MPa 설계강도를 가지는 프리캐스트 콘크리트 배합설계이고, 세 번째 예제(프리캐스트 믹스트 #3)는 건축물 입면에 주로 쓰이는 프리캐스트 콘크리트 배합설계이다. 고강도 프리캐스트 콘크리트(프리캐스트 믹스트 #2)에서는 실리카 퓸이 사용되었다. 표 E.3에 위 3가지 예제에 대한 배합상세가 나타나 있다.

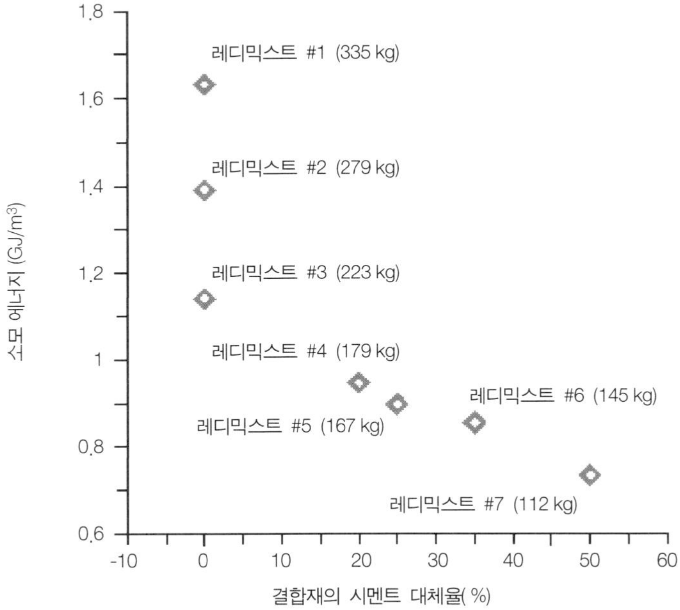

그림 E.4 레디믹스트 콘크리트의 에너지 사용량에 대한 비교

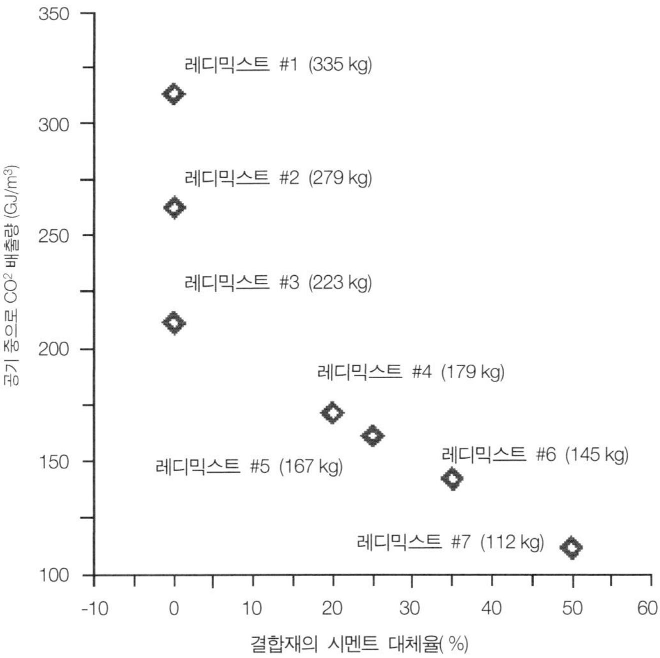

그림 E.5 레디믹스트 콘크리트의 CO_2 배출량에 대한 비교

표 E.3 프리캐스트 콘크리트에 대한 배합설계 예제

Concrete mix description	Precast Mix #1	Precast Mix #2	Precast Mix #3
28일 압축강도 (MPa)	50	70	Unspecified
실리카 퓸	0	0	0
단위중량 (kg/m^3)	2290	2380	2320
천연재료 (kg/m^3)			
시	850	750	650
실리카 퓸	0	95	0
물	300	230	260
굵은골재	1770	1875	1800
잔골재	935	1030	1250
합 계	3855	3980	3960

그림 E.6과 E.7에 전과정 평가결과를 나타내었다. 프리캐스트 콘크리트 배합의 경우에도 시멘트양이 증가함에 따라 에너지 사용량이 증가하는 추세이다. 즉, 386 kg의 시멘트가 함유된 프리캐스트 믹스트 #3은 2.63 GJ/m^{3}의 에너지가 소모되는 반면, 504 kg의 시멘트가 함유된 프리캐스트 믹스트 #1은 3.15 GJ/m^{3}의 에너지가 소모되는 것으로 분석되었다.

한편, 골재생산에 소모되는 에너지는 약 0.04 GJ/m^3, 운송에 소모되는 에너지는 약 0.1 GJ/m^3, 그리고 프리캐스트 플랜트 운영에 소모되는 에너지는 0.82 GJ/m^{3}로 조사되었다. CO_2 배출량 역시 시멘트양에 직접적으로 비례한다. 프리캐스트 믹스트 #3의 경우 382 kg/m^{3}의 CO_2가 배출되는 것으로 나타난 반면에, 프리캐스트 믹스트 #1은 490 kg/m^{3}가 배출되는 것으로 분석되었다. 이러한 사용 에너지양과 CO_2 배출량은 레디믹스트 콘크리트의 경우에 비해 매우 높은 값이다. 이는 프리캐스트 플랜트의 운영이 에너지 사용량과 CO_2 배출량에 미치는 영향이 크기 때문이다.

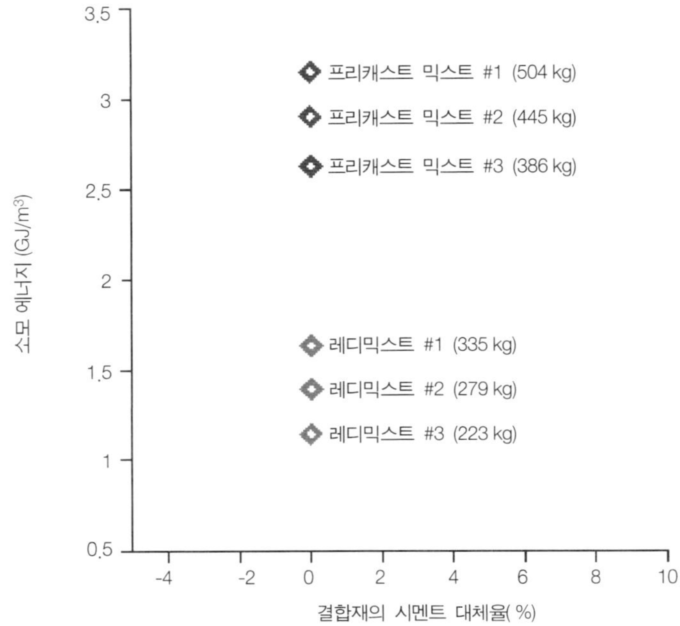

그림 E.6 프리캐스트 콘크리트의 사용 에너지양에 대한 비교

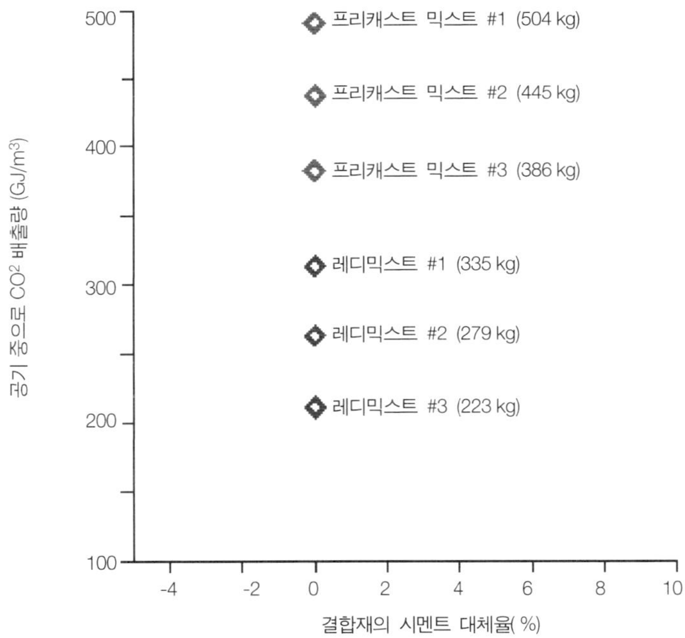

그림 E.6 프리캐스트 콘크리트의 CO_2 배출량 비교

E.3 맺음말

본 부록에서는 미국 LCI 데이터베이스에 기반을 두고 일반 콘크리트(레디믹스트 콘크리트와 프리캐스트 콘크리트)의 에너지 사용량과 CO_2 배출량을 평가하였다. 플라이애쉬나 고로슬래그의 시멘트 치환율이 늘어남에 따라, 즉 시멘트양이 감소함에 따라 레디믹스트 콘크리트와 프리캐스트 콘크리트의 사용 에너지양과 CO_2 배출량은 감소하였다. 특히 PCA의 전과정 평가에는 대기로의 CO_2 배출뿐만 아니라 땅과 물로의 CO_2 배출도 고려되었으며, 매우 정확한 미국 내 데이터를 기반으로 수행된 것이다. 그뿐만 아니라 에너지 효율성 증가 및 새로운 플랜트 건설과 보수로 인한 업데이트된 데이터를 사용하고 있다.

레디믹스트 콘크리트와 프리캐스트 콘크리트를 비교할 때 프리캐스트의 에너지 사용량과 CO_2 배출량이 레디믹스트 콘크리트 경우에 비해 매우 높았는데, 이는 프리캐스트 플랜트의 운영에 관련된 에너지 사용량과 CO_2 배출량이 포함되었기 때문이다. 그러나 단순하게 콘크리트 배합 또는 생산만으로 친환경성을 평가할 수는 없다. 기타 전체적인 시공 시의 친환경성을 동시에 고려해야 하는데, 콘크리트 자체의 품질 확보 및 내구성 향상, 그리고 현장에 쓰이는 거푸집 등의 건설폐기물 저감 측면 등도 고려해야 할 중요한 요소이다. 다만, 본 부록에서는 오로지 콘크리트 배합의 측면만을 논하였다.

E.4 참고문헌

E-1. Marceau, M. L., Nisbet, M. A., and VanGeem, M. G., "Life cycle inventory of portland cement concrete", PCA R&D Serial No. 3011, Portland Cement Association, Skokie, Illinois, USA, 2007.

E-2. Marceau, M. L., Nisbet, M. A., and VanGeem, M. G., "Life cycle inventory of portland cement manufacture", SN2095a, Portland Cement Association, Skokie, Illinois, USA, 2006.

E-3. ISO, "Environmental management-life cycle assessment-principles and framework", ISO 14040, International Organization for Standardization, Geneva, Switzerland, 2006.

E-4. ISO, "Environmental management-life cycle assessment-goal and scope definition and inventory analysis", ISO 14041, International Organization for Standardization, Geneva, Switzerland, 1998.

E-5. ISO, "Environmental management-Life cycle assessment-requirements and guidelines", ISO 14044, International Organization for Standardization, Geneva, Switzerland, 2006.

E-6. SETAC, "Guidelines for life-cycle assessment : A code of practice", Society of Environmental Toxicology and Chemistry, Pensacola, Florida, USA, 1993.

부록 F 국제콘크리트학회에서 수행한 콘크리트 구조물에 대한 CO_2 평가

F.1 일반사항

본 부록에서는 국제콘크리트학회(fib)의 Task Group 3.1(Environmental issues in prefabrication)과 Task Group 3.6(Guidelines for environmental design of concrete structures)에서 수행한 예제 중에서 콘크리트 구조물에 대하여 평가한 사례를 정리하였다. 자세한 내용은 fib가 2003년과 2008년에 각각 출판한 원문[F-1,2]에 정리되어 있으며, 본 장에서는 콘크리트 구조물에 대한 몇 개의 예제를 선택적으로 소개하였다.

우선 노르웨이에 수행한 예제는 Trondheim에 새롭게 건설되는 병원 건축물에 관한 것으로서 습식 현장타설 콘크리트를 사용하는 구조와 건식 프리캐스트 콘크리트를 사용하는 구조를 비교한 사례이다. 두 번째는 일본에서 수행한 예제인데, 철근콘크리트 교량 하부골조에서 기초보를 사용하는 경우와 사용하지 않고 충전강관 말뚝기초만을 사용하는 경우를 비교한 사례이다.

위의 두 경우가 모두 시공단계에서의 CO_2 배출만을 평가하고 있으며, 부록 E에서 나타난 콘크리트 배합과정(재료단계)에서의 CO_2 배출은 포함되지 않았다. 마찬가지로 부록 E도 부재의 운반 및 시공과정에서의 CO_2 배출은 포함하지 않는 것이다. 두 부록을 서로 비교해보며 콘크리트 및 콘크리트 구조물에서의 전과정 평가의 밑그림을 이해하는 것도 좋은 방법일 것이다. 콘크리트 구조물의 전과정 평가에 대한 해외 사례들도 대부분 일부 과정에서의 평가만을 보고하고 있는데, 재료에서 시공까지의 CO_2 배출 또는 재료에서 시공, 그리고 시공에서 리모델링 또는 재활용 및 폐기물처리까지의 전과정에 걸친 CO_2 배출에 대한 평가 예제는 매우 부족한 실정이다.

F.2 노르웨이에서의 콘크리트 구조물의 CO_2 평가 예

F.2.1 프리캐스트 건식 시스템과 습식 시스템의 비교

본 예제에서는 노르웨이 Trondheim에 새롭게 계획된 대형 병원건축물의 2가지 다른 구조시스템에 대하여 평가하고 있다.[F-1,3] 입찰단계에서는 오로지 한 가지 구조시스템만이 고려되었고, 그것은 전체 구조물을 습식구조로 하는 방안이었다. 그 후 고려된 구조시스템은 원형 또는 각형 프리캐스트 기둥과 역 T형 보, 할로우 코어 바닥판, 그리고 정형화된 벽체를 사용하는 건식구조 시스템이었다. 이때 기둥의 양단은 모두 힌지로 처리되고, 각 층과 최상층은 격막거동을 통하여 모든 수평력을 벽체로 전달한다. 이와 같은 프리캐스트 대안 설계가 나오는 데에는 환경적인 영향이 크게 작용하였다.

표 F.1에서는 위의 두 가지 콘크리트구조 시스템에 대하여 환경적인 요인을 비교·평가하였다. 표에 나타내었듯이 병원이 건축되는 지역이 도심의 중심지역인데 프리캐스트 시스템을 도입함으로써 교통의 정체가 해소될 수 있었다. 이는 거푸집 작업, 철근 및 콘크리트의 운반, 적재공간의 소요, 그리고 공기와도 관련되어 있는 것으로 추정된다. 이것은 전체 도시의 친환경화의 관점에서 매우 중요한 기여요소라고 할 수 있다. CO_2 배출뿐 아니라 소음 및 교통정체의 감소에도 크게 기여하기 때문이다. 공기가 200일이라고 가정하였을 때, 하루당 평균 6대의 콘크리트 믹서 트럭에 해당하는 물량 또는 15,925 톤의 콘크리트가 감소된 것으로 평가되었다. 즉, 프리캐스트 시스템의 대안 설계를 통하여 콘크리트에 소요되는 12,979 톤의 골재, 1,991 톤의 시멘트, 그리고 956 톤의 철근을 줄일 수 있었다.

이렇게 줄어든 전체 구조물의 중량은 기초 크기의 감소로 이어졌고, 최종적으로 기초에 소요된 콘크리트가 약 23 톤 줄어드는 효과로 나타났다. 이러한 효과들에 대해 정량적인 산정이 이루어지진 않았으나 총공기단축과 효율적인 시공으로 이어졌음은 분명하다. 표 F.1에서는 바닥판의 면적, 사용 콘크리트의 부피와 질량, 그리고 소요된 콘크리트 믹서 트럭의 정량적인 부분만을 나타내고 있고, 이러한 수치를 활용하여 CO_2 배출을 평가하였다. 단, 본 fib 예제에서는 최종적인 CO_2 배출을 산정하지는 않았다.

표 F.1 습식 바닥판 시스템과 프리캐스트 건식 바닥판 시스템의 비교

	습식 바닥판			프리캐스트 건식 바닥판			감소량
	300 mm와 350 mm 슬래브	100 mm 치장표면 처리	총합	200 mm 빈 코어 슬래브와 U자형 부재	50 mm Rockwell 방음벽과 50 mm 치장표면처리	총합	
사용면적(m^2)	25,000	25,000		25,000	25,000		
콘크리트(m^3)	8,000	2,500	10,500	2,880	1,250	4,130	6,370
콘크리트(톤)	20,000	6,250	26,250	7,200	3,125	10,325	15,925
콘크리트 믹서 트럭(대)	1,333	417	1750	257	248	505	1,245

F.3 일본에서의 콘크리트 내진구조물의 CO_2 평가 예

F.3.1 철근콘크리트 하부구조물과 합성시스템 하부구조물의 비교

본 예제는 일본에서 사카이(Sakai) 교수에 의해 수행된 두 가지 다른 구조 시스템에 대한 CO_2 평가예제이다.[F-2,4] 두 가지의 다른 철도 고가교 하부구조물을 다루고 있는데, 첫 번째는 순수 철근콘크리트 고가교 하부구조물이고 두 번째는 합성시스템을 도입한 고가교 하부구조물이다. 부록 E에서 콘크리트(재료)의 생산과정에서만의 CO_2 배출을 평가한 반면, 이 예제에서는 시공단계에서만의 CO_2 배출을 평가하였다.

철도와 도로가 교차하는 지점에서 교통정체가 발생할 수 있다. 이것은 지역의 환경과 교통안전의 문제이기도 하다. 이러한 문제점을 해결하기 위해서 철도 고가교의 건설이 필요하고, 도심주거지역에서 이러한 고가교의 건설에는 여러 가지 제약조건이 있을 수 있다. 본 예제에서는 이러한 도심지역에 건설되는 철근콘크리트 및 합성 시스템 고가교 하부구조물에 대하여 고찰하였다(그림 F.1~F.3 참조). 고가교 하부구조물은 보통 말뚝기초와 기둥의 접합지점에 기초보가 존재하는데, 이는 횡하중이 작용할 때 각각 말뚝기초가 받는 지지력이 달라질 수 있기 때문이다. 결국 기존 철근콘크리트 하부구조물 시스템의 경우 내진성능을 발휘하기 위해서 기둥과 기초의 접합부 위치에 기둥 사이를 연결하는 기초보의 사용이 필수적인 요건이다.

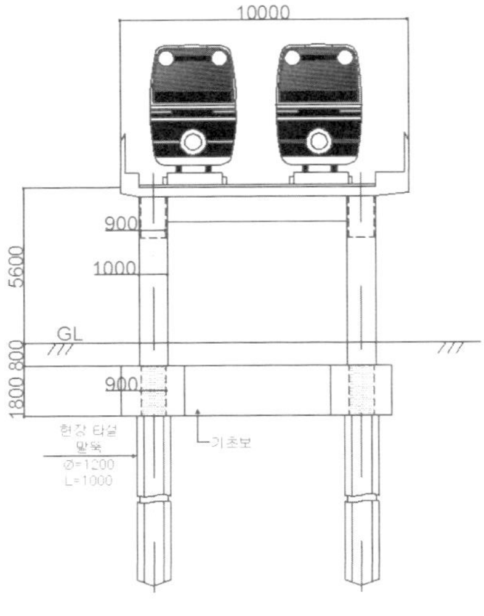

그림 F.1 철근콘크리트 하부구조물의 단면도[F-2]

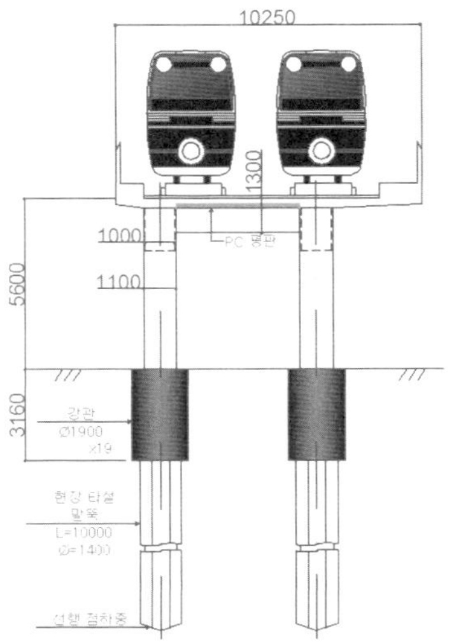

그림 F.2 합성 시스템 하부구조물의 단면도[F-2]

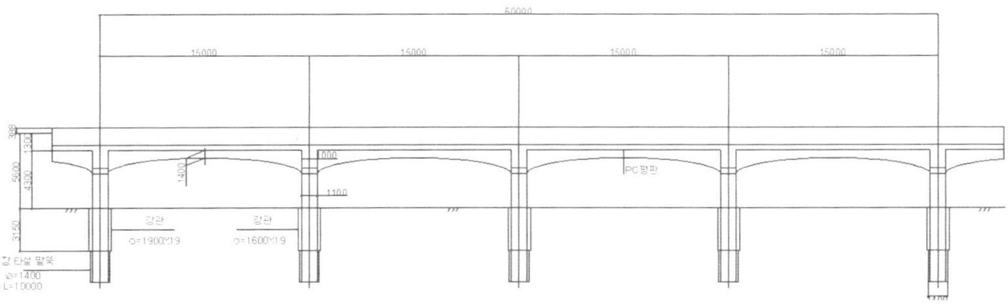

그림 F.3 종방향 단면도 (합성 시스템 고가교 하부구조물)[F-2]

본 예제에서는 환경성능에 대한 제약조건이 추가되었는데, 이는 시공단계에서의 CO_2 배출의 20 % 감소와 더불어 적정치의 소음진동 및 대기오염 요소 감소를 포함한다. 이러한 환경성능에 대한 제약조건을 만족시키기 위해서 환경대안 설계의 한 예로 새로운 합성 시스템이 고려되었다(그림 F.2와 F.3 참조). 이 합성 시스템은 기둥과 말뚝기초의 접합부 지점을 강관으로 보강하는 시스템으로서 기초보 없이 요구되는 내진성능을 발휘할 수 있다. 위의 두 가지 다른 기둥과 말뚝기초 연결 시스템의 CO_2 평가를 실시하였다. 이 평가에 사용된 데이터베이스는 일본 토목공학회의 자료[F-5]에 근간을 두고 있다.

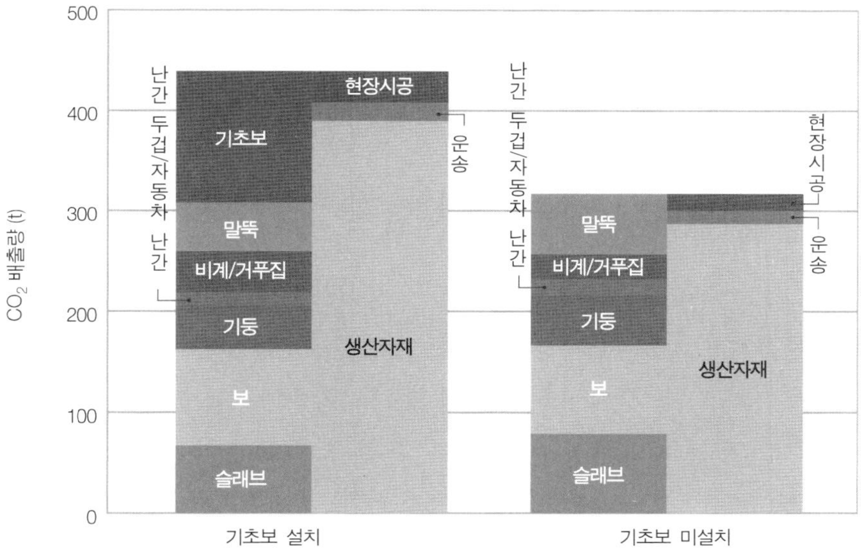

그림 F.4 두 가지 다른 고가교 하부구조물 시스템에서의 CO_2 평가 비교
(부재에 따른 CO_2 배출비율과 단계에 따른 CO_2 배출비율)

그림 F.4에서는 재료에서의 CO_2 배출, 운반단계에서의 CO_2 배출, 그리고 시공단계에서의 CO_2 배출의 비율이 나타나 있다. 다른 단계에 비해 재료 사용량에 의한 CO_2 배출의 영향이 매우 크다. 또한 동일 그림에서 부재별 CO_2 배출의 비율도 나타내고 있는데, 기초보와 관련되어 가장 많은 CO_2가 배출됨을 보여주고 있다. 기초보를 사용하지 않고 충전강관 접합부를 사용한 합성 시스템의 경우 일반 철근콘크리트 기초보를 사용한 시스템의 경우보다 대략적으로 총 28%의 CO_2 배출이 감소될 수 있음을 알 수 있다. 또한 이러한 합성 시스템의 선택은 CO_2 배출의 관점 외에 교통체증 해소, 소음진동 감소, 그리고 건설현장에서의 공기오염 감소 등의 부가적인 환경적 효과로도 이어질 수 있다.

F.4 맺음말

본 부록에서는 노르웨이와 일본에서 수행된 CO_2 배출량 또는 CO_2 배출에 관련된 지수평가의 예제를 수록하였다. 이는 국제콘크리트학회(fib)의 Task Group 3.1(Environmental issues in prefabrication)과 Task Group 3.6(Guidelines for environmental design of concrete structures)에서 수행한 예제로서 콘크리트구조 시스템의 선택에 따른 CO_2 평가예제이다. 단, fib에서 출판한 원문[F-1,2]의 내용이 극히 적은 관계로 원문의 요약 및 재해석보다는 원문의 번역 및 약간의 부연설명 위주로 본 부록에서는 편집하였다.

특이한 사항은 부록 E에서는 프리캐스트 콘크리트가 레디믹스트 콘크리트와 비교하여 CO_2 배출량이 큰 것으로 평가되었는데, 이는 동일한 양의 콘크리트 생산 관점에서의 CO_2 평가에 한정된 것으로서 시공까지의 여러 단계의 CO_2 배출을 종합 평가하면 부록 F에서와 같이 프리캐스트 시스템이 오히려 CO_2 배출량에 있어서 일반 철근콘크리트 시스템에 비하여 크게 감소하는 것으로 평가되었다. 이는 전체 부재 크기와도 관련이 있다. CO_2 관점에서 뿐만 아니라 진동소음문제, 도심교통문제, 그리고 공기오염문제의 관점에 있어서도 프리캐스트 시스템이 철근콘크리트 시스템보다 친환경적인 요소가 많은 것으로 판단된다.

F.5 참고문헌

F-1. Task Group 3.1 of fédération internationale du béton (fib), "fib Bulletin 21 : Environmental issues in prefabrication", State-of-art report, fib, Lausanne, Switzerland, 2003, 49pp.

F-2. Task Group 3.6 of fédération internationale du béton (fib), "The environmental design of concrete structures-general principles", Report, fib, Lausanne, Switzerland, 2008.

F-3. RIT 200, "Fordeler med bygging med betongelementere", Spenncon AS, Trondheim, 1999.

F-4. Sakai, K., "Environmental design for concrete structures (Invited paper)", Journal of Advanced Concrete Technology, V. 3, No. 1, 2005.

F-5. JSCE, "Japan society of civil engineers : recommendation of environmental performance verification for concrete structures (Draft)", JSCE Guideline for Concrete No. 7, 2006, pp.16~23 (in Japanese).

콘크리트 구조물의
환경영향 및 CO_2평가

2013년 3월 10일 1판 1쇄 인쇄
2013년 3월 15일 1판 1쇄 발행

저　　자　사단법인 한국콘크리트학회
서울특별시 강남구 역삼동 635-4
한국과학기술회관 신관 1009호
TEL. 568-5984~7
FAX. 568-1918
http : // www.kci.or.kr

발 행 인　심 종 성

발 행 처　사단법인 한국콘크리트학회

보 급 처　기 문 당
서울시 성동구 무학봉 28길 4-1
(왕십리동 966-22)
TEL. 2295-6171(代)~5
FAX. 2296-8188

출판등록　1976. 10. 7 (1-44)

홈페이지　http : // 기문당
http : // www.kimoondang.com

I S B N　978-89-6225-470-9 93540

정　　가　15,000원